高等职业教育“十二五”规划教材
高等职业教育建筑装饰技术类系列规划教材

建筑艺术构成

胡少杰　主编
于太罡　薛　欢　孙凤玲　副主编
冯美宇　主审

科学出版社
北　京

内 容 简 介

本书结合现代设计发展的需要，系统而全面地讲述了建筑艺术构成。

本书由三部分构成，包括平面构成、色彩构成和立体构成。本书着眼于柔性化教学方法，即将色彩原理、材料的选择和应用、视觉心理认知等理性因素揉进平面、立体空间的设计基础训练中去，并注重对学生创造能力的培养。本书内容由浅入深，图文并茂。

本书可作为高职高专院校建筑装饰、艺术设计等相关专业教学用书，也可供相关设计人员参考。

图书在版编目（CIP）数据

建筑艺术构成/胡少杰主编. —北京：科学出版社，2012
（高等职业教育“十二五”规划教材·高等职业教育建筑装饰技术类系列规划教材）

ISBN 978-7-03-034765-7

Ⅰ. ①建… Ⅱ. ①胡… Ⅲ. ①建筑艺术－高等职业教育－教材 Ⅳ. ①TU-8

中国版本图书馆CIP数据核字（2012）第123261号

责任编辑：李太铼／责任校对：马英菊
责任印制：吕春珉／封面设计：耕者设计工作室

科学出版社出版
北京东黄城根北街16号
邮政编码：100717
http://www.sciencep.com

三河市骏杰印刷有限公司印刷
科学出版社发行　各地新华书店经销
*
2012年9月第 一 版　开本：787×1092 1/16
2020年8月第六次印刷　印张：10 1/4
字数：251 000

定价：45.00元

（如有印装质量问题，我社负责调换〈骏杰〉）
销售部电话 010-62134988　编辑部电话 010-62135319-8220（VA03）

高等职业教育建筑装饰技术类系列规划教材
编写指导委员会

前言

构成，即“组织”，绘画、摄影艺术中称之为“构图”，视觉传达设计中称之为“编排”，而空间设计中称之为“位置经营”。构成是设计作品的核心，它将各元素、各节点有机地结合在一起，起到统一的作用。

艺术构成是整个艺术设计学科的立足点和基础。通过本课程的学习，学生可以了解形式美法则及其应用方式，了解抽象构成在实际设计中如何进行图形创造、色彩搭配、形态构思。

通过在教学过程中安排与教授内容同步的实践课，学生能在大量的作业练习过程中形成手、脑并用的学习习惯，加深对构成艺术的理解，从而进一步认识和掌握艺术设计的思维、设计特点等。

本书由胡少杰（山西建筑职业技术学院）担任主编，于太罡（四川音乐学院成都美术学院）、薛欢（山西建筑职业技术学院）、孙凤玲（山西建筑职业技术学院）担任副主编。参加本书编写的人员还有雷雨（山西建筑职业技术学院）、蒲培勇（攀枝花学院艺术学院）、孙载斌（攀枝花学院艺术学院）、郝志刚（山西职业技术学院）、李楠（山西建筑职业技术学院）、侯贵元（山西建筑职业技术学院）、毕瑞芳（太原理工大学阳泉学院）和陈曦（太原大学）。

在本书的编写过程中，得到了很多同事、同学及友人的帮助和大力支持，在此对他们深表谢意。同时感谢山西建筑职业技术学院建筑与艺术系的学生们，他们为本书提供了大部分的图片资料。

鉴于编者的水平所限，书中不足之处在所难免，恳请读者批评指正。

目录

单元 2 平面构成的骨格表现形式

第2部分 色彩构成

概述

构成是研究形态结构美的学科。我们不仅要从理论上研究各种形态所带来的审美心理，也要进行大量的练习来把握形态与审美的关系，通过对各种构成要素以及形式特性的研究，来掌握形态元素在构成中的艺术语言及表现形式。

0.1　构成的概念及意义

在设计领域，构成是指将一定的形态元素，按照视觉规律、力学原理、心理特性、审美法则进行的创造性组合。

构成作为一门传统的学科在艺术设计基础教学中起着非常重要的作用。早在1919年，包豪斯设计学院在格罗皮乌斯提出的“艺术与技术的统一”口号下，努力寻求和探索新的造型方法和理念，对点、线、面、体等艺术元素进行大量的研究，在抽象的形、色、质的造型方法上花了很大的力气。他们的研究与创新为现代构成教学打下了坚实的基础。

构成包含平面构成、色彩构成与立体构成，是现代艺术设计基础的重要组成部分。所谓“构成”是一种造型概念，其含义是将几个不同形态的单元重新组合构成一个新的单元。

平面构成主要指在二维空间范围内，将所需要的构成元素，按一定的法则形成新的艺术形态。平面构成主要研究形象在二维空间里的变化构成，探求二维空间的视觉规律、建立形象、组织骨格，从而形成既严谨又有无穷律动变化的装饰构图。

色彩构成是根据人们长期形成的对色彩的感觉所产生的思维定势的总结。不同颜色的搭配，能够给人不同的心理感受，而色彩构成就是将这些思维定势总结出来。

立体构成是指使用各种材料将造型要素按照美的原则组成新的立体的过程。立体构成的构成要素是点、线、面、体、色彩和空间等。它的形成，仍然遵循形式美等法则，如对比调和、对称均衡、比例、节奏、韵律、统一等。立体构成是通过设计创造意境，是研究立体形态的材料和形式的造型基础学科。立体构成所研究的对象是立体形态和空间形态的创造规律，具体来说就是研究立体造型的物理规律和知觉形态的心理规律。立体构成是由二维平面形象进入三维立体空间的构成表现。

0.2　构成的应用及发展方向

构成是设计作品的核心，它将各元素、各节点有机地整合在一起，起到统一、控制的作用。创造性的作品、形式，甚至风格，均与构成密切相关。

从远古开始，人类就学会用大自然所赋予的灵感来创造工具，创造生活用品和精神意义上的文化。从造型到纹饰，无论是具象的、意象的、还是抽象的，无一不透出人类对他们赖以生存的空间的理解与表述。新石器时代的陶器造型是一种很有说服力的设计，而今天的各种设计更显示出设计师们超凡的智慧。

设计是一种创造性的劳动，是一种人类对社会各方面进行规划和提出方案的思考。当设计构思得以实现，人们从艺术设计思维中的理性认识便得到证实，就能得到可贵的经验。

许多在现代设计史上具有影响的设计作品，其设计灵感大多与大自然的启迪有着直接的关系，人类吮吸着大自然的灵气，设计着能引导新生活的一切。

构成设计不仅仅探索那些形态符号与结构，还要探索使人们对周围环境做出的个性反应和独特的表达语言。

在每一个好的设计中，人们往往很难将眼前的事物与某一种自然界的生物和自发形态直接挂起钩来，这表明设计不是一种简单的模仿，而是一种创造。设计引发的是一种功能的满足，甚至是一种心灵的倾诉。

小结：艺术构成是一门很有意义的基础训练课程，通过艺术构成的练习，学生会对艺术思维中的形式语言有更多的了解。构成设计并不是一种具体的方法，也不是类似数学计算中的公式的运用，它是一种思想姿态，是一种对形式语言的探究。

第1部分　平面构成

知识目标☞

1．掌握：平面构成的概念。
2．理解：平面构成的条件和原理。

能力目标☞

1．能：正确使用平面构成的方法。
2．会：通过平面构成的综合表现正确地向受众传达设计思想。

所有构成中的形态要素都是从图形整体需要的前提下创造出来的。在平面设计的领域中，这种对于图形元素的处理和构成，通常被称为图形设计。

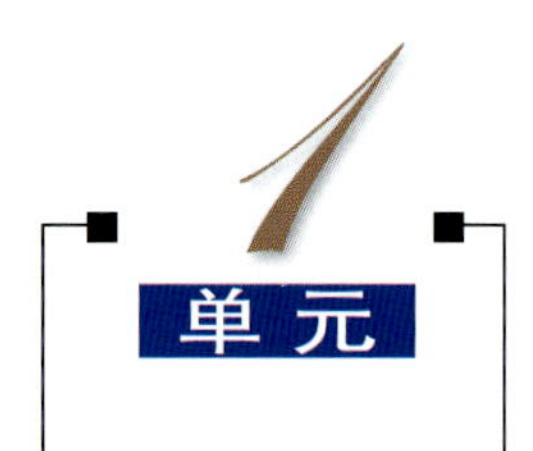

平面构成基本元素

单元概述 本单元主要介绍平面构成中的形态元素及构成元素。通过对形态元素与构成元素的分析与研究，熟悉构成中形态元素的特点，掌握平面构成中基本形态的构成原则和形式美法则，从而培养学生抽象形态的创造能力。

平面构成是一种视觉形象的构成。它主要研究在平面设计中，如何塑造形象，怎样处理形象与形象之间的联系，如何掌握美的形式规律，并按照美的形式法则，构成、设计所需要的图形，从中培养设计人员的审美能力，并提高其创造“抽象形态”和构成的能力。

从视觉形象的形成过程来看，平面构成的元素，可以包括概念元素、视觉元素和关系元素。概念元素是指创造形象之前，仅在意念中感觉到的点、线、面、体，其作用是促使视觉元素的形成。视觉元素，是把概念元素见之于画面，是通过看得见的形状、大小、色彩、位置、方向、肌理等被称为基本形的具体形象加以体现的。关系元素，是指视觉元素（即基本形）的组合形式，是通过框架、骨格以及空间、重心、虚实等因素决定的;其中最主要的因素是骨格，是可见的，其他如空间、重心等因素，则有赖于感觉去体现。

一切用于平面构成中可见的视觉元素，通称形象。基本形即是最基本的形象；限制和管辖基本形在平面构成中的各种不同的编排，即是骨格。基本形有“正”有“负”，构成中亦可互相转化；基本形相遇时，又可以产生分离、接触、复叠、透叠、联合、减缺、差叠、重合等几种关系。骨格可以分为：在视觉上起作用的有作用骨格和在视觉上不起作用的无作用骨格，以及有规律性骨格（即重复、近似、渐变、发射等骨格）和非规律性骨格（即密集、对比等骨格）。基本形与骨格的上述这些特性，将相互影响、相互制约、相互作用而构成千变万化的构成图案。

平面构成丰富和发展了传统的工艺美术理论。它不拘于一定的固有格式，手法灵活，千变万化，尤其有利于锻炼思维能力，从而更好地为设计服务。

从视觉形象的空间存在特性来看，在平面构成中，有形态元素和构成元素两个方面。最基本的形态元素是点、线、面；构成元素是大小、方向、明暗、色彩、肌理等。以这些基本元素为条件，加以组合构成，便会创造出无数理想的抽象造型。

本单元着重阐述基本的形态元素——点、线、面的特性、作用及其应用。

1.1 点的表现形式

从造型设计来看，“点”是一切形态的基础。“几何学”点是只有位置而没有大小的；点是线的开端和终结，是两线的相交处。点，是形态构成中最小的构成元素，也是最基本的形态之一。点必须有其形象存在才是可见的；越小的形体越能给人以点的感觉。

1.1.1 点的性质和作用

不同大小、疏密的混合排列，使之成为一种散点式的构成形式［图 1-1-1（a）］。

将大小一致的点按一定的方向进行有规律的排列，给人的视觉留下一种由点的移动而产生线化的感觉［图 1-1-1（b）］。

以由大到小的点按一定的轨迹、方向进行变化，使之产生一种优美的韵律感［图 1-1-1（c）］。

把点以大小不同的形式，既密集、又分散的进行有目的的排列，产生点的面化感觉［图 1-1-1（d）］。

“点”在几何学中只表明位置并不具有面积和方向。而在平面构成中，“点”作为造型要素之一，却具有不可忽视的重要作用，在人类远古时期的手工制品表面装饰纹样中，“点”就已被大量应用。时至今日，当代的设计家依然运用着“点”的多种变异和排列组合，再现了“点”的令人惊叹的艺术魅力。

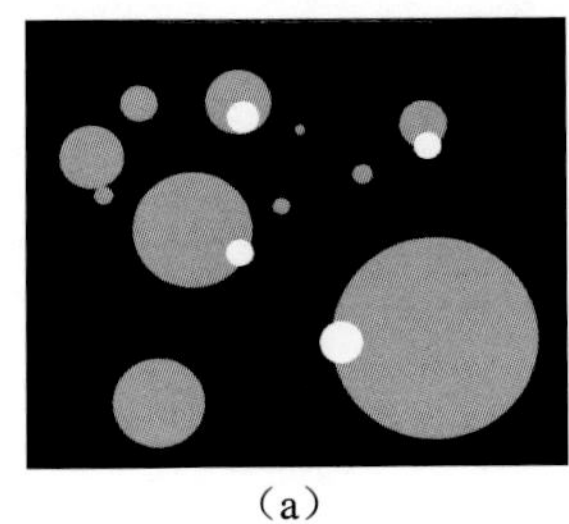
（a）

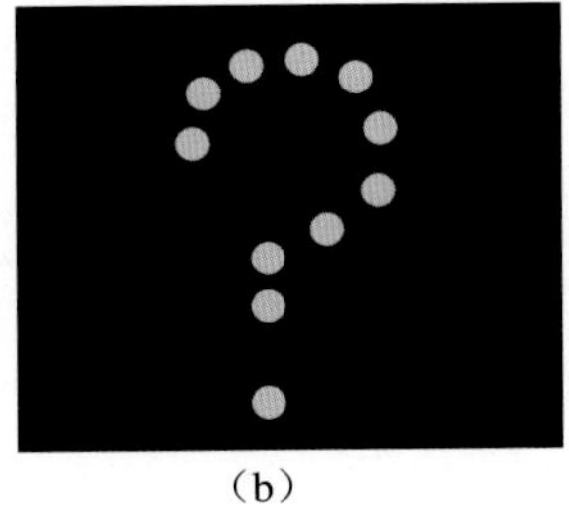
（b）

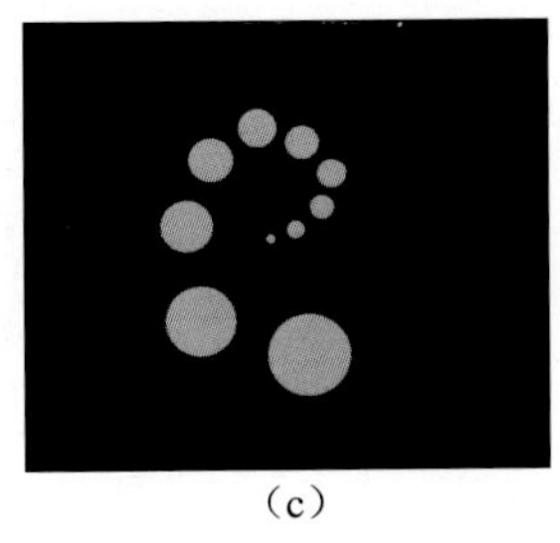
（c）

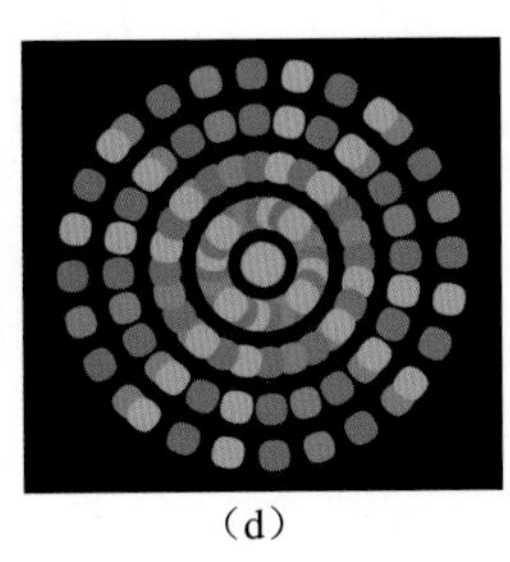
（d）

图1-1-1

1.1.2　点的错觉

1. 错觉概念

所谓错觉就是感觉与客观事实不相一致的现象。

点的位置随着其色彩、明度和环境条件等变化，便会产生远近、大小等变化的错觉。

2. 错觉的影响

1）亮点有扩张感，暗点有收缩感［图 1-1-2（a）］。

2）面积对点的影响（同大的点）：在大点包围下感觉小，在小点包围下感觉大［图 1-1-2（b）］。

3）点距边线的感觉大。同理，周围空间小的感觉大，周围空间大的点感觉小［图 1-1-2（c）］。

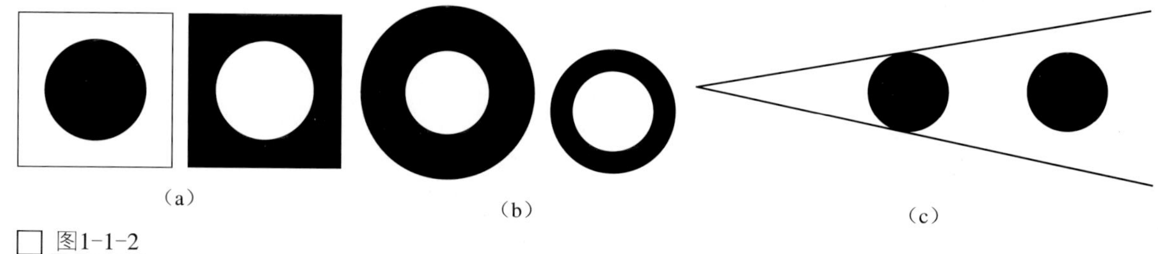

图1-1-2

1.1.3　点在设计中的应用

点是相对较小的元素，它与面的概念是相互比较而形成的，同样是一个圆，如果布满整个作用，它就是面了，如果在一幅构成中可以多处出现，就可以理解为点。

点最重要的功能就是表明位置和进行聚集，一个点在平面上，与其他元素相比，是最容易吸引人的视线的（图 1-1-3）。

一个较小的元素在一幅图中或者两个以上的非线元素如果同时出现在一个图中，我们都可以将其视为点。

这么说来，点可以有各种各样的形状，有不同的面积，但在平面设计理论中，其位置关系重于面积关系，很多时候，我们不关心点的面积大小。

两个以上的点，可以有不同的对应关系，如并列、上下重叠、大小不同对比等，各有各的视觉感受。

更多的线上的点可以形成点线（图 1-1-4 中的那些可以视为点的文字）。

点线拥有线的优势，又有点的特征，是用得较多的设计方式。

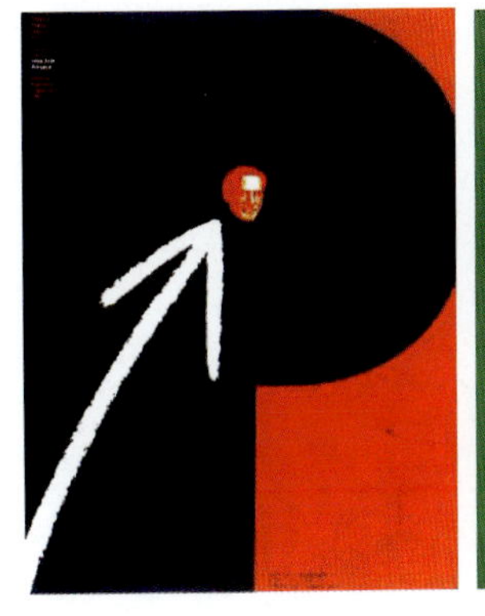

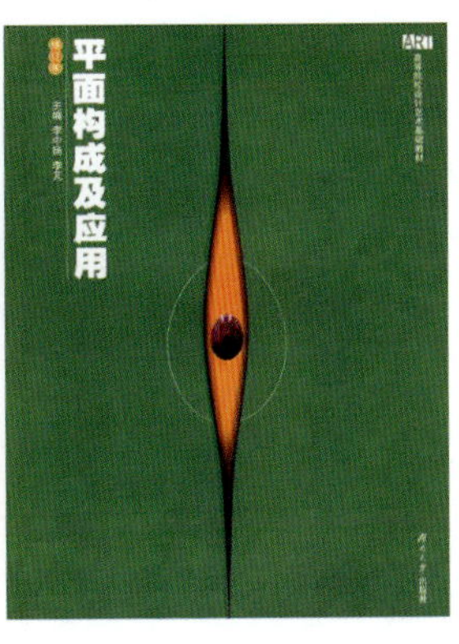

图1-1-3

图1-1-4

三个以上不在同一条线上的点可以形成面，我们可以运用点面这种特性来进行设计，点面具有面的优势，更多的是面的特征，但同时也有点的美感，因此看起来有种特别的美（图 1-1-5）。

我们要多用点之间的不同的组合关系，来找出一些美丽的排列方式（图 1-1-6）。

图1-1-5

图1-1-6

1.2 线的表现形式

线是具有位置、方向与长度的一种几何体，可以把它理解为点运动后形成的。与点强调位置与聚集不同，线更强调方向与外形（图 1-2-1）。

1）线的空间形态远远要比点的形态复杂得多。几何学意义上的线只有位置、长度而不具有宽度和厚度，它是点进行移动的轨迹，并且

图1-2-1

是一切面的边缘和面与面的交界。

2）造型含义：线具有位置、长度和一定的宽度。

3）点、线、面的关系：点移动成线、线移动成面、面的移动则成为立体。

就造型而言，由于不能处理眼睛看不到的形，所以我们把点看的有面积，线亦被赋予了粗细或宽度，但如果面积或宽度加的太多，会使点或线的意象随之减弱，逐渐带上了面的倾向，故分辨点、线、面会因为周围的状况的不同而有不同的结果。

1.2.1　线的性质和种类

线有两种基本类型：直线和曲线。从这两种线条中又可以派生出许多种线条来，而它们又各自具有不同的视觉感受（图 1-2-2）。

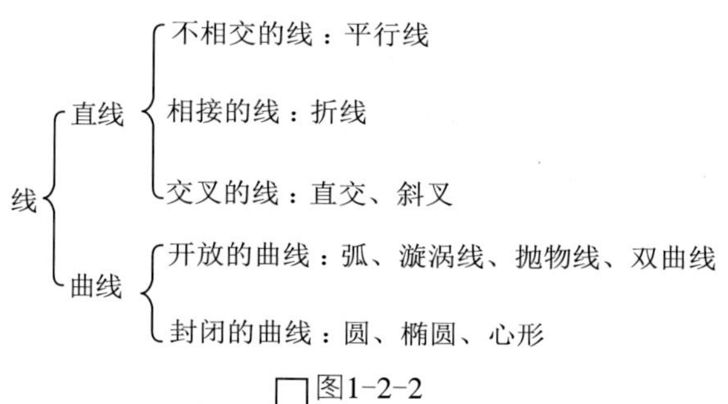

图1-2-2

1.2.2　线的感情性格

1. 决定线的感情性格的因素

1）长度：按点的移动量来决定。

2）速度：点的移动速度。速度的大小，决定线的流畅程度，能表现出线的力量强弱；线的移动方向发生的变化，也会有各种线的性格产生。

2. 线的性格

1）直线有粗细之分，有机械线与手工线之分，每一种线都有不同的感觉。粗的、长的、实的直线，有向前突出、给人一种较近的感觉，会产生“近大远小”的效果；细的、短的、虚的直线，有向后退缩、给人一种较远的感觉，会产生“近实远虚”的效果。

2）曲线比直线富有动感，更富有情感色彩。从原始时代的纹饰中可以知道，曲线一直是人们表现美感的一种方式。曲线也是女性化的象征，有较温暖的感情性格，会使人感到柔软、幽雅的情调，同时又有一种速度感或动力、弹力的感觉，从而具有了直线的简单明快和细线的柔软运动的双重性格。

① 正圆形：具有对称和有序的美，但也会因为过于有序和对称，有呆板的缺陷。

② 椭圆形：既有正圆形的规则性，有长、短轴对比的变化特点。

③ 涡线形：具有较强的动感和方向性。

④ 自由曲线打破了几何曲线的规律性，可以给人带来柔软和舒展的感觉，从而具有更大的创造力。

1.2.3　线的错觉

图 1-2-3 所示直线都有弯或者不平行的错觉。

在设计中，应灵活利用错视原理，有时利用其加强对比关系，有时又必须注意避免错觉所产生的不良效果。例如：我们可以用其来分割画面或增加形象的丰满度。

1.2.4　线的作用

在广告、包装或者商标、标志等设计中，有些作品直接用线的构成来表现，也可体现出形式美的法则，取得较好的效果。

在平面设计作品中，将直线适当运用于作品，有标准、现代、稳定的感觉。我们常常会运用直线来对不够标准化的设计进行纠正。适当的直线还可以分割平面。

曲线则具有具有柔软、优雅的感觉。

曲线的整齐排列会使人感觉流畅，让人想象到头发、羽絮、流水等，有一定的心理暗示作用。

例如，线的交叉组合有稳定感线组合可以构成若隐若现的面，同时它所产生的秩序感只想让人去遵循。这又是一种线构成的空间，比起平行排列的线，相对稳定、封闭，如图 1-2-4 所示。点向无数方向运动会产生发散

图1-2-3

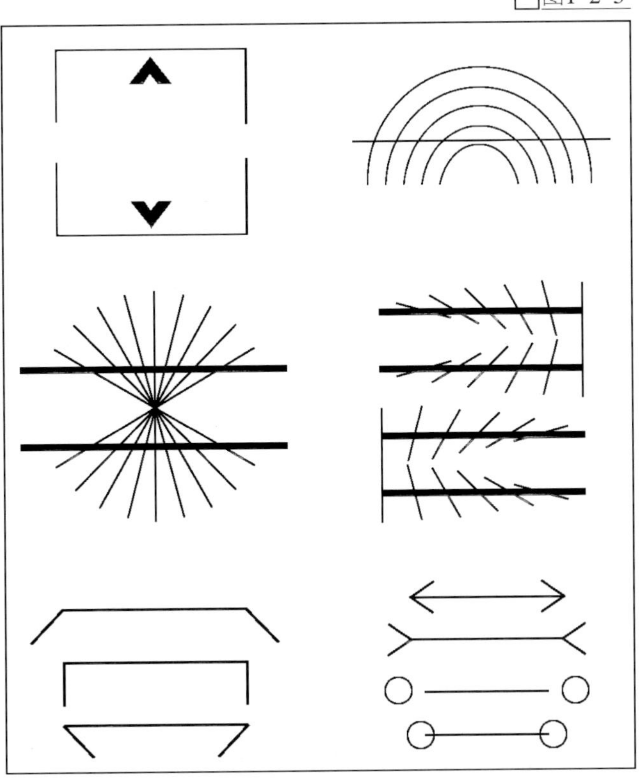

图1-2-4

图1-2-5

的线。如图 1-2-5 所示空间中，线构成的肌理和光影给人的感觉是有秩序、严谨的。

1.3　面的表现形式

与点相比，它是一个平面中相对较大的元素，点强调位置关系，面强调形状和面积，请注意这里的面积是讲的画面中不同色彩间的比例关系，可以从如下两方面理解：

1）造型含义：面或形具有长、宽二度空间。

2）点、线、面的关系：点移动成线、线移动成面、面的移动则成为立体。

1.3.1　面的构成形式

面的构成体现了充实、厚重、整体、稳定的视觉效果。

1）几何形的面。它会表现出规则、平稳、较为理性的视觉效果，如图 1-3-1（a）所示。

2）自然形的面。不同外形的物体以面的形式出现，会给人以更为生动、厚实的视觉效果，如图 1-3-1（b）所示。

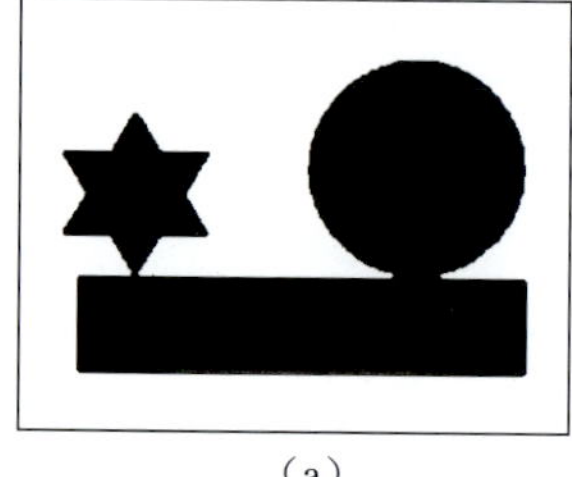

(a)

(b)

(c)

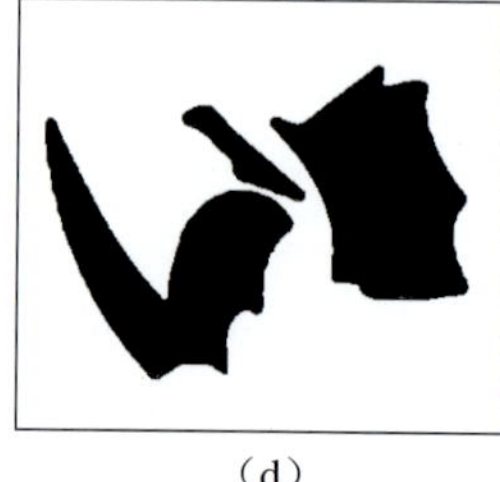

(d)

(e)

图1-3-1

3）有机形的面。这主要指柔和、自然、抽象的面的形态，如图 1-3-1（c）所示。

4）偶然形的面。它会产生自由、活泼而富有哲理性的效果，如图 1-3-1（d）所示。

5）人造形的面。它具有较为理性的人文特点，如图 1-3-1（e）所示。

1.3.2 单形的构成

单形的构成主要可以采用以下几种方法。

1）几何单形的相互构成可以用圆形、方形、三角形为基本形体，将它们分别以连接、重合、重叠、透叠等形式，构成不同形象特点的造型，如图 1-3-2（a）所示。

2）用分割的方法构成形体可用来训练设计者灵活的造型能力，如图 1-3-2（b）所示。

3）重合所构成的形体是指形体间相互重合、添加派生出各种形态各异的造型，如图 1-3-2（c）所示。

4）自然形单形的构成是指把自然物的基本形以真实、自然、概括的形式表现出来，应用到构成设计中去，如图 1-3-2（d）所示。

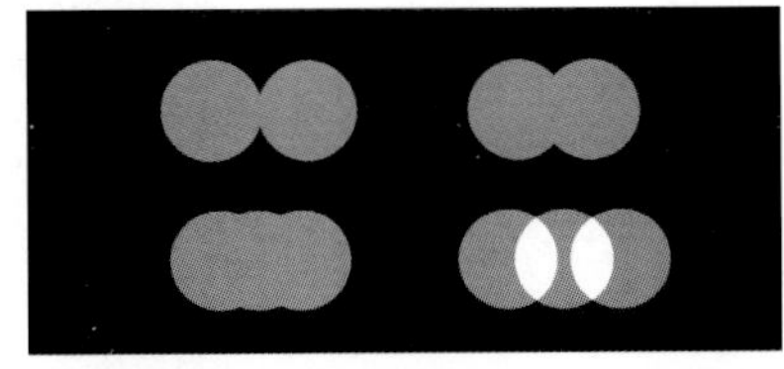

（a）

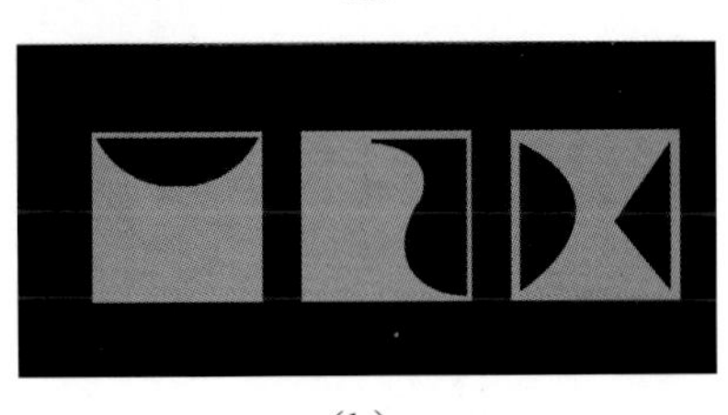

（b）

（c）

（d）

图1-3-2

1.3.3 面在设计中的应用

点和面之间没有绝对的区分，在需要位置关系多的时候，我们把它称为点，在需要强调形状面积的时候，我们把它看为面。

任何一个面在画面中都存在一种与画面的关系问题。当面的形态是突出的、生动的，“面”以外的画面就会显得次要一些，通常将其称为“地”。这样，在一个画面之中存在着“图”与“地”的关系，图 1-3-3 所示的《卢宾之壶》就体现了这一点。当然,“图”与“地”的关系是相对的，完全可以在设计中利用“地”与“图”来做文章，让“地”与“图”的关系逆转。

群化的面能够产生层次感，所谓群化，就是一大堆、一群群的，想象一下一大群绵羊相比，就能明白什么是群化的面了。

点、线、面相结合，运用我们后面要讲到的原理和规律，就可以得到美丽的平面构成图形（图 1-3-4）。而可以进一步成为体，即体化的面（图 1-3-5）。

图1-3-3

□图1-3-4

□图1-3-5

1.4　点、线、面的构成及其形式法则

以点、线、面为基本形态元素，运用比较简练的基本形，采取各种骨格和排列方法，加以构成变化，便可组合成无数新的图形。一切自然形态都能被抽象为点、线、面的形态，而对点、线、面形态的进一步描述，将能产生出十分丰富的变化与广泛的联想。这些图形能适用于不同部位的应用。

对这些基本形态元素，如何加以构成会产生更美的效果，在人们的生活经验中，已形成一套美的形式观念。我们应善于发现和总结那些带有规律性的经验，灵活运用到平面设计中来。

人们在长期的生活实践中所积累的经验表明，美的表现形式归纳起来大体可分为两大类：

1）有秩序的美。这是一种主要的表现形式。从其构成方法来看，对称、平衡、重复、群化等形式，以及带有较强韵律感的渐变、发射等构成方法，都是有秩序的美。

2）打破常规的美。诸如对比、特异、夸张、变形等，都具有打破常规的性质。

1.4.1　对称和平衡的性格

对称是表现平衡的完美形态，它表现为力的均衡与对称的形式；在机能上可以取得力的平衡，在视觉上会使人感到完美无缺，给人的感觉是有秩序庄严肃穆、呈现一种安静平和的美（优点）。它存在着过于完美、缺少变化的弊端，给人以呆滞、静止和单调的感觉（缺点）。由于社会是前进的，故在视觉需要上，人们也不会满足于完全呆板的形式，而是要求发展、前进和有所变化。

我们要在保持平衡整体的前提下，求得局部的变化，而这里所说的变化或突破（使其量感达到平衡），不是无限度的，要根据力的重心，将其分量加以重新配置和调整，从而达到平衡的效果，使其量感达到平衡，而在形象上可有所差别，这种构成状态，较之完全对称的形式更富有活力（图 1-4-1）。

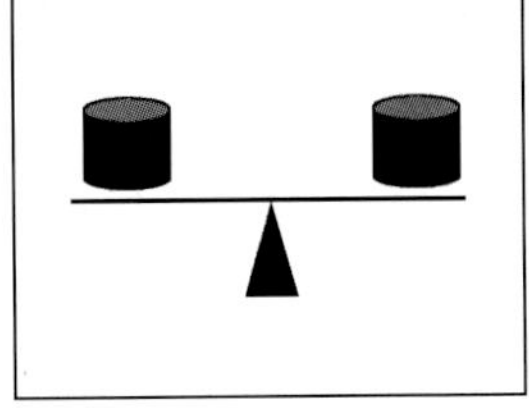
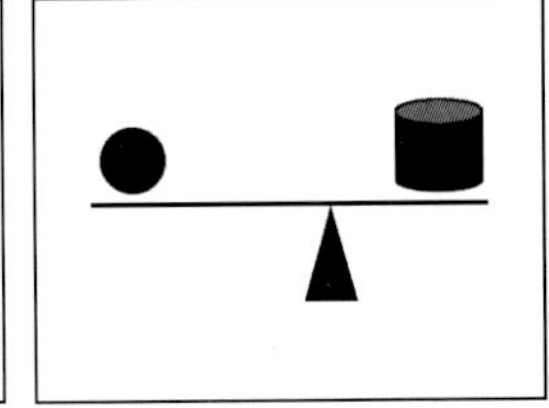
图1-4-1

1.4.2　对称和平衡的基本形式

1）反射：相同形象在左右或上下位置的对应排列，是对称和平衡的最基本的表现形式，又可称为镜照，它易引起种种的空想或联想范围的扩展，如图 1-4-2（a）所示。

2）移动：是在总体保持平衡的前提下，局部变动位置，移动的位置要适度，注意其平衡关系，形态要表现得十分明确并井然有序，如图 1-4-2（b）所示。

3）回转：在反射或移动的基础上，将基本形进行一定角度的转动，增强形象的变化，这种构成形式表现为垂直于倾斜或水平的对比，如图 1-4-2（c）所示。回转可分为水平面的回转和立体空间的回转。

4）扩大：扩大其部分基本形形成大小对比的变化，使其形象既有变化、又达到平衡的效果，比变化易产生动感，如图 1-4-2（d）所示。

上述四种基本形式，通常会综合使用两种以上形式的结合，构成的图形可达到丰富而有变化的效果。

（a）

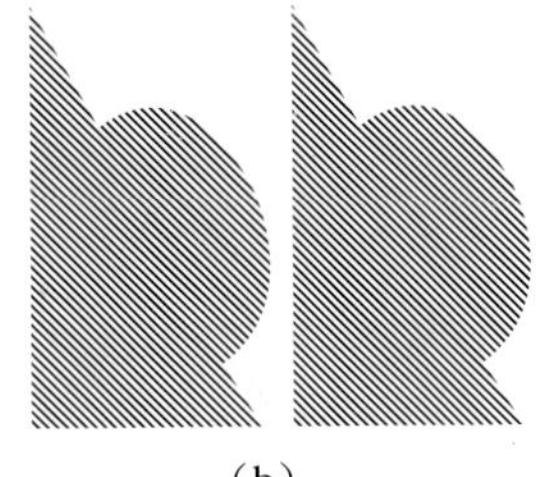
（b）

（c）

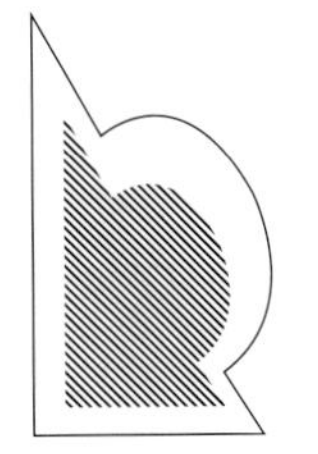
（d）

图1-4-2

1.4.3　点的平衡构成

一件好的作品，平衡关系是首先要解决的因素之一，我们必须保持其总体的平衡，不平衡状态是不安定的，在视觉上会产生不舒服的感觉，但在一个完美的作品中，我们还应注意到其他美的因素，如整体外形的变化疏密关系的处理、节奏与韵律等。

1. 画面中一点所处的最佳位置

点的位置在画面正中，稳定性好，但过于呆板，缺少变化，如图 1-4-3（a）所示。

点在画面的左下角，平衡关系较差，并感到画面空间过大，看起来乏味，如图 1-4-3（b）所示。

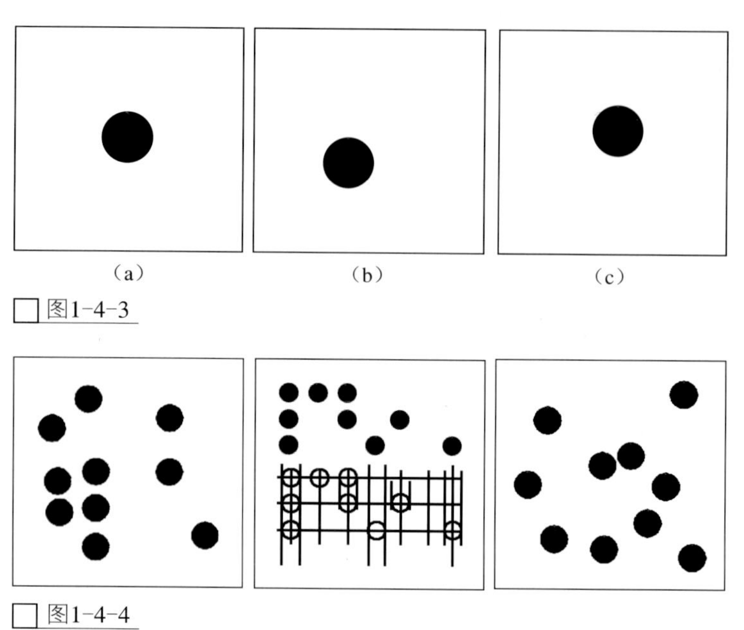

（a） （b） （c）

图1-4-3

图1-4-4

点的位置居于画面中部偏侧，既感到稳定，又富有变化，效果最佳，如图1-4-3(c)所示。

2. 有秩序的点的构成

它反映出有规则点的构成，从中能显示出一种具有律动感的美（图 1-4-4）。

3. 点的自由构成

点的自由构成是以点为基础，按照每个作者不同的设计意图，有意识地进行自由排列，这种构成形式，能充分表现个性。另外，在设计构成时需注意主次关系，既要有重心，又应有陪衬呼应关系，在空间上，要适当安排疏密的变化（图 1-4-5）。

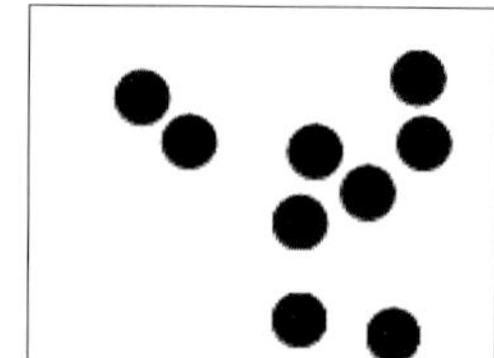

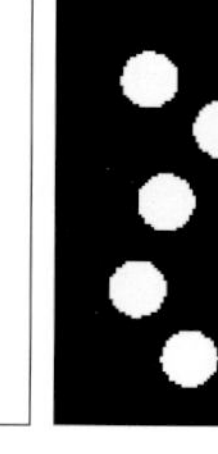

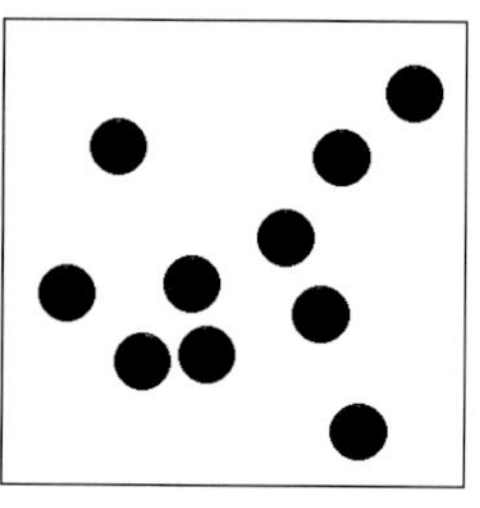

图1-4-5

4. 设计中应注意的事项

1）在形式美的要求上，除达到平衡稳定外，还应注意外形的变化。

2）在整体形象上，要避免形成一种拘谨的小集团式的图形。因为点在空间上具有扩张性，所以在设计点的构成时，要将处在周围各点的位置内外穿插开，有些变化，使其外形活泼。

3）点与点之间，应避免等距离排列，形成主次，否则会使人感到松散平淡。

4）用散点起到连接作用。

5）注意留有一定的空间，发挥点的张力，使图形呈现强烈的块面和疏密对比。

图 1-4-6 分别表示海滩礁石和建筑群的草图就充分综合应用了点构成的各项设计原则。

1.4.4 线的平衡构成

线的平衡构成是通过线的长度、宽度、以及它在画面中所形成的空间对比来完成。

一般情况下，重心的部位越接近画面中心，其安定感越好。调整画面的力动关系，可延长线的长度，适当增加力臂的作用，如果重心的主线过于靠近边框，力臂线无法延长，虽然稳定感较强，但画面显得呆板。

（a） （b）

图1-4-6

可用垂直水平直线构成，也可用倾斜线构成，或者用垂直、水平、倾斜与曲线或点相结合的构成。

一般采用水平、垂直线构成的图形较为稳重安定，加入倾斜线或曲线的构成，则增加动的因素。

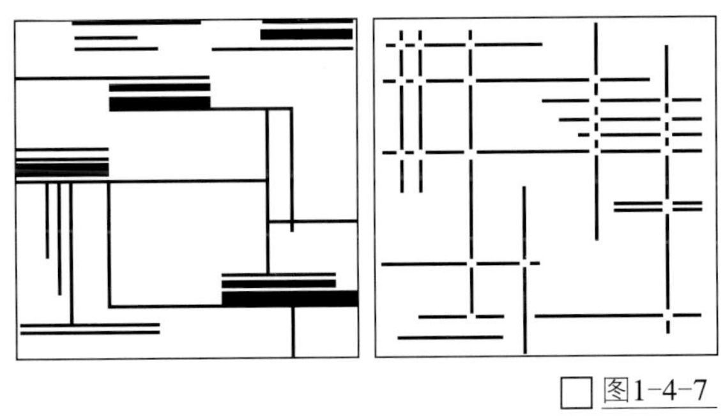

图1-4-7

1. 线的有序构成

秩序是表现美感的重要因素。在线构成中可用线的重复，也可以使其长度或间距采取有秩序的渐次变化，增强画面的韵律美，如图 1-4-7 所示。

2. 线的自由构成

可以用线的不同长度与距离进行比较灵活的安排。在构成时除取得平衡效果外，还要表现出线段长短的对比和线与线之间宽窄变化的对比；在整体外形上，要注意线的长短交错所形成的对比变化，并在变化的同时，还要适当注意其秩序性，线群要有一定的重复，如图1-4-8所示。

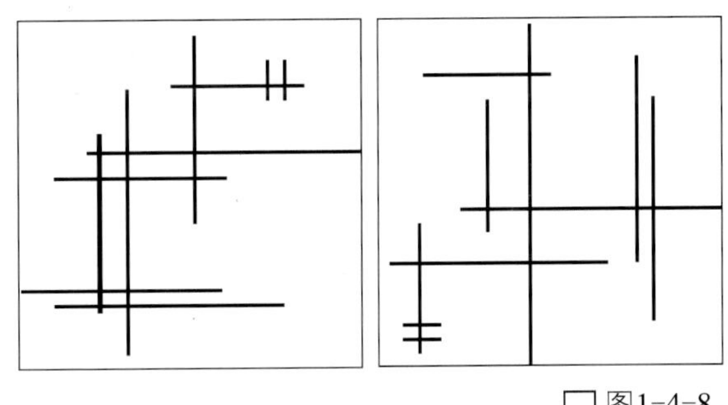

图1-4-8

3. 直线与斜线相结合的构成

方法：垂直线与水平线有较强的安定感，而斜线则有动的感觉。

优点：两种直线相结合，会构成较为活泼的作品，但如果斜线变化太大，其倾斜角度各不相同，便会产生杂乱的感觉，所以，斜线的倾斜角度，要尽可能取得统一，使线的方向形成一定的重复，一般效果较好。

注意：除平衡因素外，画面中的斜线起到了重要的活跃作用。通过不同长度和斜线间不同距离的对比，以及垂直、水平直线与斜线相交所成的角度而形成的重复，及其相类似的三角形的分布和相互呼应，可以使画面构成富有节奏感，比较生动活泼，如图 1-4-9 所示。

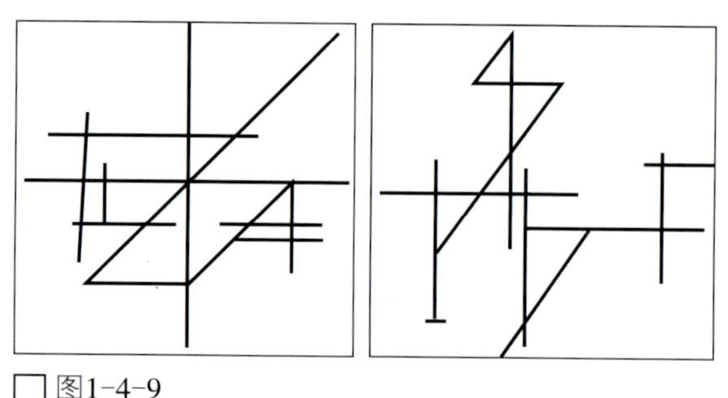

图1-4-9

4. 直线、斜线与点的结合构成

优点：直线、斜线的构成再加入点的因素，画面更加丰富而有变化，直线具有挺拔、安定的感觉，而带有一定面的性质的点比线更具有量感，在画面中可形成线块的对比。

方法：在构成中首先用线作骨格，然后用等大的点或大小不同的点，调整画面的平衡关系，点的分布要有聚有散，大小配合呼应，使作品富于变化，如图 1-4-10 所示。

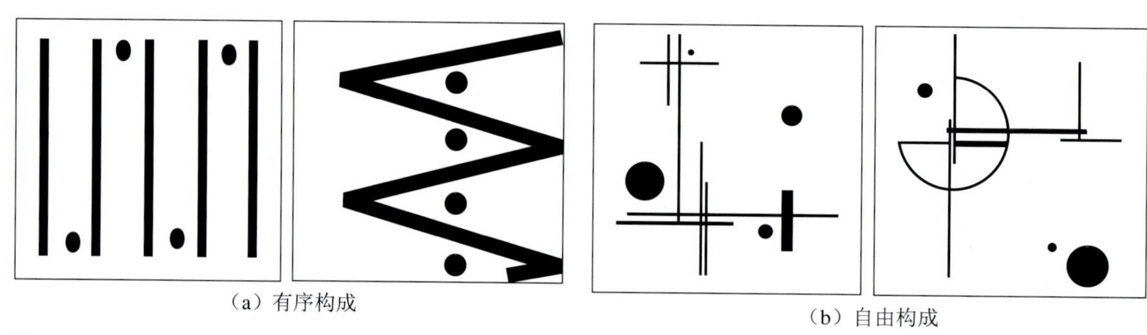

图1-4-10

1.4.5　点、线、面构成的实际应用

点、线、面构成的实际应用可参考图 1-4-11~ 图 1-4-14。

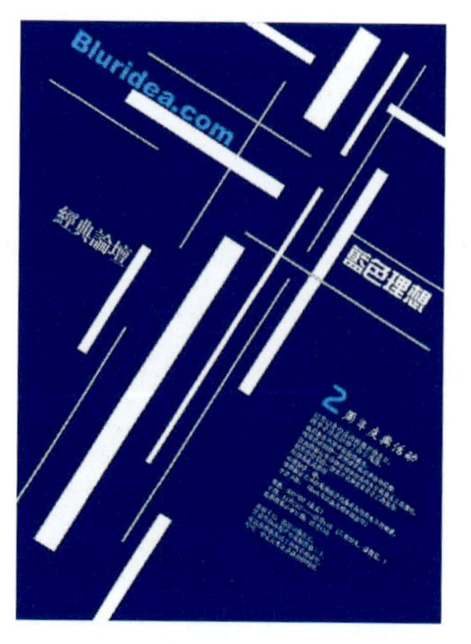

图1-4-11

图1-4-12

图1-4-13

图1-4-14

小结：在平面构成中，点、线、面是最基本的形态元素，这些最基本的形态元素的相互结合与作用形成了多种表现形式。点、线、面的表现力极强，既可以表现抽象，也可以表现具象，是平面构成的三大基本形态元素。作为造型基础训练，从点、线、面的形成和原理入手是非常必要的。

实践训练 1　绘制点、线、面构成

训练目的　熟练掌握和应用点、线、面的构成设计。

训练器材　白、黑色卡纸或特殊材质，墨水，水粉笔或毛笔，水粉颜料，水，圆规，直尺，三角板，模板，铅笔，橡皮，针管笔。

训练要求　从自然与生活中发现形态，进行点、线、面的练习。要求画面整洁干净。

训练步骤

1. 裁好尺寸合适的卡纸。
2. 用直尺、圆规、铅笔和橡皮绘制已经设计好的图形。
3. 用水粉颜料或墨水涂色。
4. 用针管笔勾边。

训练任务

1. 有序式与自由式点、线的构成。结合实际应用进行练习。
2. 点、线、面的构成，结合自然与生活中的实例进行练习。

学生作业选登

训练作业1-1

训练作业1-2

训练作业1-3

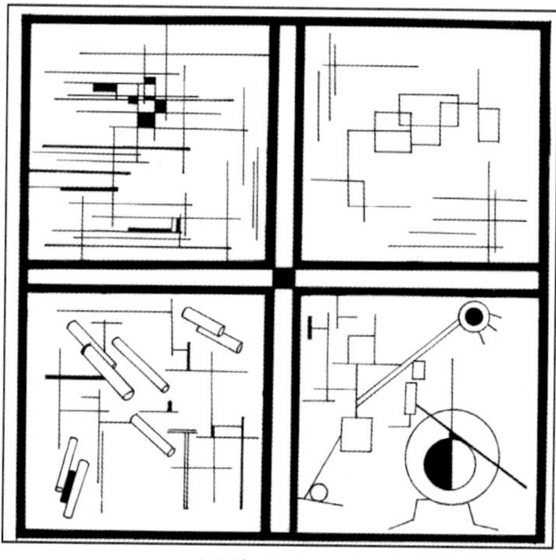
训练作业1-4

训练作业1-5

训练作业1-6

平面构成的骨格表现形式

单元概述 本单元主要介绍平面构成中重复骨格与节奏骨格的构成法则。通过对构成骨格形成的剖析，熟悉每种类型骨格结构的特点和视觉效果，掌握不同骨格的设计原则与应用规律，从而培养学生良好的审美意象。

重复构成属平面构成的范畴，已广泛地应用于工业造型设计、建筑设计、商业美术设计、染织美术设计以及舞台美术设计中。

2.1 重复的表现形式

什么叫做重复？重复就是相同或近似的形象反复排列。它的特征就是形象的连续性（图 2-1-1）。

任何事物的发展，都具有一种秩序性，是表现美感的重要因素，人们把这种秩序美，加以集中和夸张，便能更加突出美的效能。将两个以上的同一因素，连续配列成一个整体，在视觉经验中，会令人感到井然有序。

图2-1-1

例如：在军事检阅中的方队，每行每列的人数相等，服装一致，动作整齐，显示出威武雄壮的军容，反映到人们的头脑里，便产生一种壮观的美感。

除此之外，在形象构成上，打破其横竖重复的排列格式，组成具有独立存在的完整图形，便可构成各种标志、符号类的设计作品。这种表现形式，可称为群化，如图 2-1-2 所示。这是一种特殊的重复形式。

图2-1-2

2.1.1 重复骨格

在设计构图时，首先要确立骨格。骨格就是构成图形的骨架和格式，在重复构成中

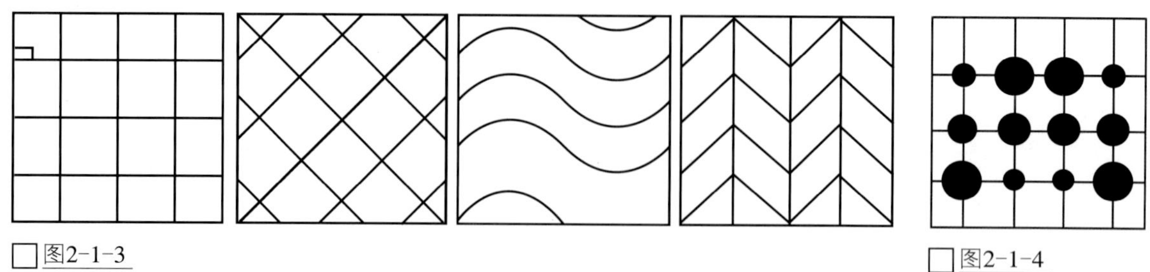
图2-1-3

图2-1-4

骨格支配着构成单元的排列方法，它可决定每个组成单位的距离和空间。

骨格是重复构成中为安排重复的基本行而设计的。骨格设计应是重复构成中的框架主体，它管辖并支配各类基本形的位置，也是画面的一种分割形式。

骨格可分为规律性骨格与非规律性骨格。

规律性骨格是按照数学方式，有秩序的排列，如：重复、近似、渐变、发射等；非规律性骨格是比较自由的构成，它有很大的随意性，如：密集、对比、变异等。规律性骨格又分为作用性骨格与无作用性骨格。

作用性骨格：即每个单元的基本形，必须控制在骨格线内，在固定的空间内，按整体形象的需要去安排基本形，如图 2-1-3 所示。

无作用性骨格：是将基本形安排在骨格线的交点上，骨格线的交点就是基本形之间的中心距离。无作用性骨格的表现方法，主要靠基本形大小不同，所形成的疏密关系的变化，通过密度大的重色，将密度小的亮色衬托出来，着重表现渐变效果，使画面呈现较强的韵律感，如图 2-1-4 所示。

重复骨格：用相同的骨格，进行排列的方法。

2.1.2　基本形

基本形是重复构成中的形象主体，从最简单的基本形态元素到比较复杂的图形都可以成为基本形（图 2-1-5）。当然，基本形不能设计得很复杂，在重复构成中的基本形象只能成为整体形象的一部分，不能过分地突出基本形，所以，一般以简单明确为主。

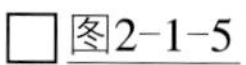
图2-1-5

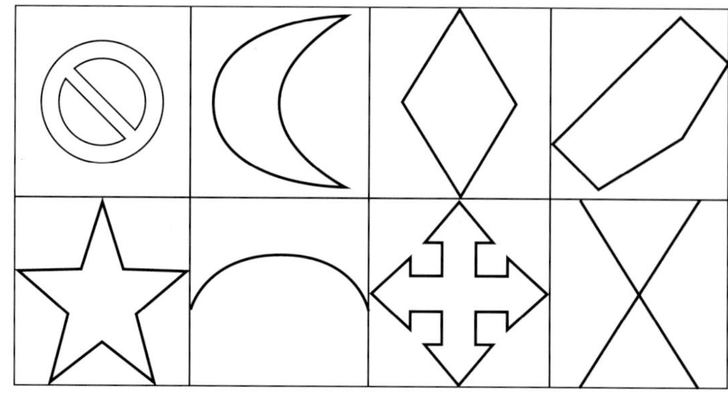

基本形是构成图形的基本单位，即构成重复骨格的基本单位，构成以后其上、下、左、右都要相互连接，易于形成一个连续的、新的图形。

在基本形设计中可以运用几

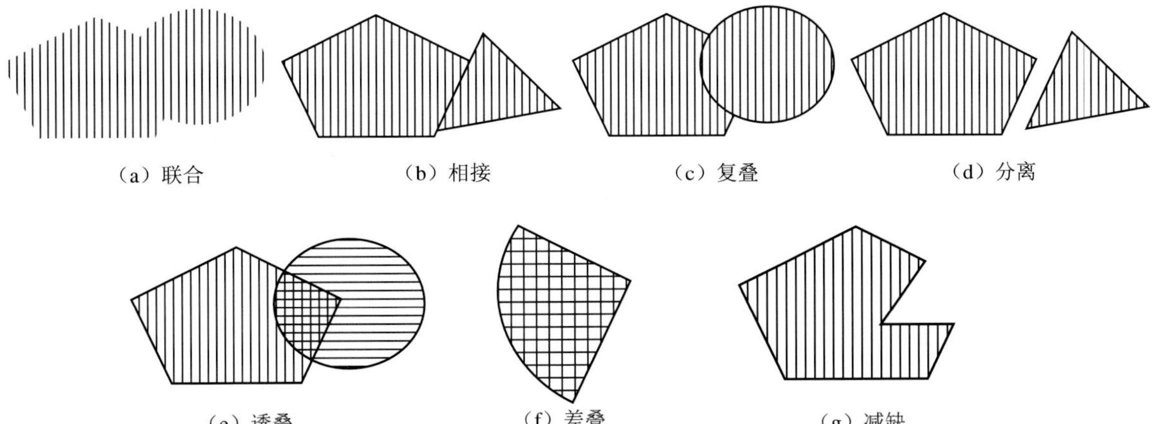

图2-1-6

何切割的方法，即将基本形按一定的方法进行切割，改变了原有形态，又产生出新的形态来。几何形切割能将原基本形分解成完全不同的两种或两种以上的形态。新的形态的产生会造成各自形态在视觉生动程度上的差异。有不少基本形是通过小的几何形交叠而产生的，在基本形的重复排列中也可能运用交叠的方式。

交叠有以下几种情况（图 2-1-6）：

1）联合［图 2-1-6（a）］：两个基本形相叠，明度与色彩相同，联合后成为一个新的形体。

2）相接［图 2-1-6（b）］：两个基本形相接在一起，保持着原来的基本形态，有联合的视觉效果。

3）复叠［图 2-1-6（c）］：一个基本形叠在另一个基本形之上，一个基本形处于被叠状态，但在视觉上仍然保持着完整性；另一个基本形叠在另一个基本形上，保持自身形态的完整性。

4）分离［图 2-1-6（d）］：基本形与基本形不相接，有间隔空间。

5）透叠［图 2-1-6（e）］：两个基本形复叠后，其复叠面运用透明处理，使各自的形象有着完整性，空间关系产生模糊性，产生色彩变化，有透明感。

6）差叠［图 2-1-6（f）］：只现出相叠的部分，将不相叠的其他部分隐去，产生了新的形象。

7）减缺［图 2-1-6（g）］：两个基本形相叠，叠在前面的基本形不可见，可见的只是后面的被减缺的基本形。

除以上介绍的方法外，还可以通过两个或两个以上的基本几何形的正负变化去产生更多的视觉形象。

基本形设计时注意要点如下：

1）对于重复骨格重复基本形而言，由于构成的方式多种多样，形象也千变万化，非常丰富，我们在设计基本形时，要简练，不要用过于复杂的基本形构成图形。

2）由于图形相互连接，在设计基本形时，要考虑到格线之间的衔接关系。基本形的分割线，可占二分之一、三分之一或整边。当基本形衔接时，无比例的任意分割，会出现许多交错的小角，令人感到繁杂琐碎。

2.1.3 重复骨格重复基本形

在设计中将同一基本形反复使用，而且其排列格式，也采取重复的形式，叫重复骨格重复基本形。这种表现形式所构成的图形，具有很强的秩序性和统一感。在构成时，可根据形象的需要，安排正形、或负形；在方向上可以向上、向下、向左或向右，中间也可以空格。

重复骨格重复基本形的特点如下：

1）骨格线的距离相等，给基本形在方向和位置的变换提供了条件，可以进行多种方法的变化。

2）这种表现形式所构成的图形具有很强的秩序性和统一性。

3）其整体效果，既统一又有变化，正负形所形成的新图形达到较完美的地步。

4）这种韵律的形式，主要靠各种骨格形式所产生的动势。

5）形象间的重复和有秩序的穿插变换的。

图2-1-7

重复骨格重复基本形的排列方法主要有以下几种：

1）基本形的重复排列：它是重复构成中最基本的表现形式，即同一基本形按一定方向连续的并置排列；这种排列方法简单易单调，故基本形可设计的充实一些，如图 2-1-7 所示。

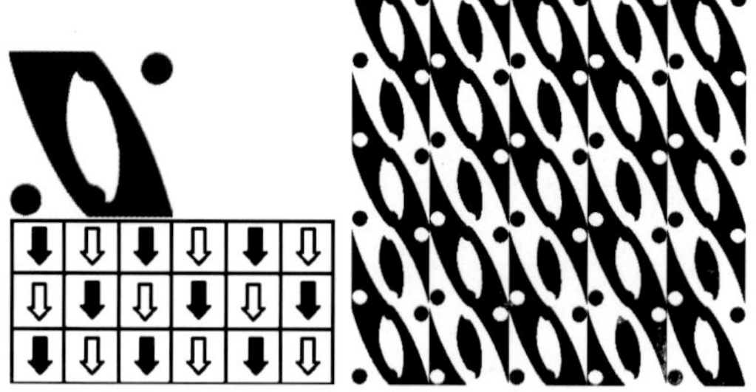
图2-1-8

2）基本形正、负交替排列：同一基本形在左、右和上、下的位置上，正、负形交替变换，增强黑白对比并产生画面的变化，如图 2-1-8 所示。

3）基本形在方向上进行横、竖或上、下变换的位置，其效果具有较强的秩序感，如图 2-1-9 所示。

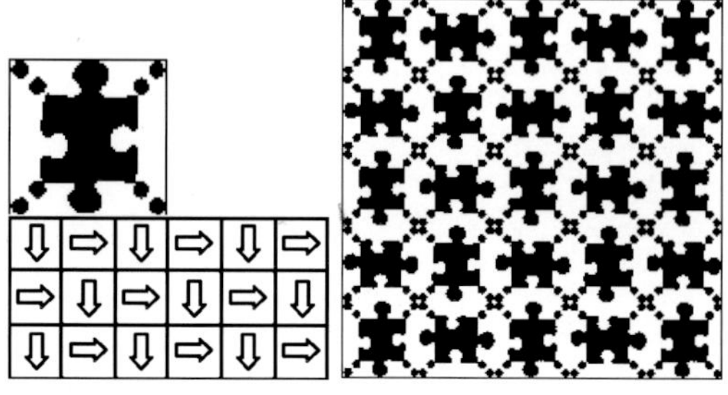
图2-1-9

4）基本形的单元反复排列：这是将基本形在方向上，按照一定的秩序形成一个单元反复排列。这种排列方法，会使有些图形产生一种旋转的动势，画面较为整齐而活泼，如图 2-1-10 所示。

5）基本形单元间空格反复排列：这种构成方法，能使画面中间产生一定的空间对比，效果较为活泼，有秩序的空格是指在一个单元与一个单元之间，空出一格，增强其空间疏密关系的对比，并可形成有规则的空间分布，如图 2-1-11 所示。

6）基本形的错位排列：为了增强基本形的构成变化，有时在次行上，进行有秩序的错位排列，其图形效果是基本形排列有穿插而且整齐，斜向成行，秩序感较强，如图 2-1-12 所示。

7）基本形局部群化排列：是在整个画面中，集中若干个基本形，构成带有独立性的群化图形，其他基本形，围绕这些群化图形进行排列。这种构成方法，使人感到画面完整，其整体构成关系，呈现对称或平衡形式，如图 2-1-13 所示。

8）基本形交错重叠排列：是将基本形串在一起交错排列，这种构成的基本形，不拘一格，长短可适当变化，效果较好，其动感和韵律感都很强。当一个基本形交叠于另一个基本形上，就产生了互相之间的安排问题：是复叠，透叠，联合，还是减缺？方式不同，产生的视觉效果也就不一样。

9）基本形自有排列构成：这种构成方式，大多采用正方形格式为基本骨格。设计者可按照骨格线所确定的格位，不受其方向秩序的限制，自由安排。由基本形与其周围的形象自由衔接所构成的图形也是千变万化，故其效果较为灵活，但易琐碎、散乱，故可视其正、负形的关系，从整体上变化形象，平衡空间分布，避免因过大面积的正形或负形而产生的呆板感，如图 2-1-14 所示。

图2-1-10

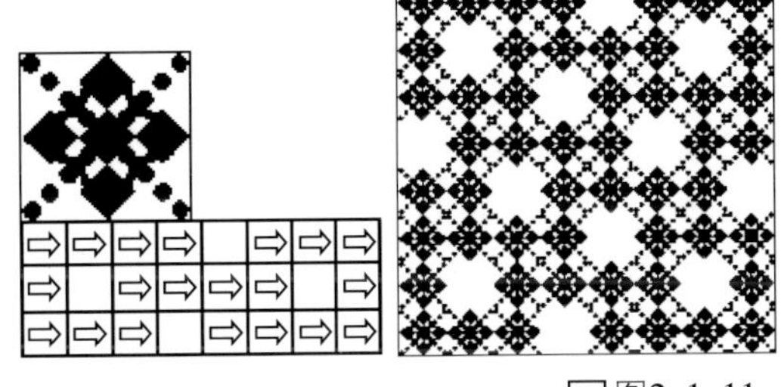

图2-1-11

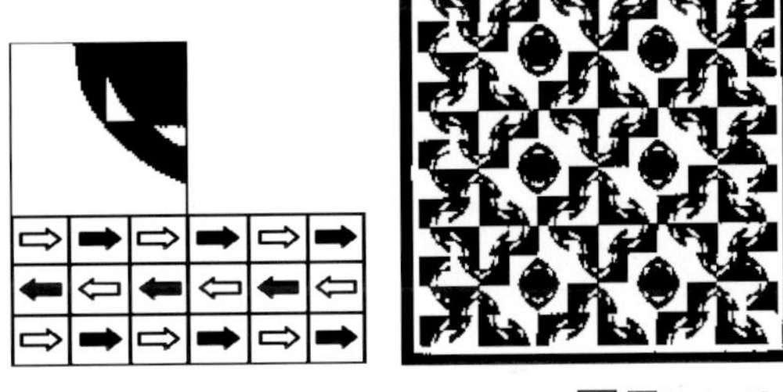

图2-1-12

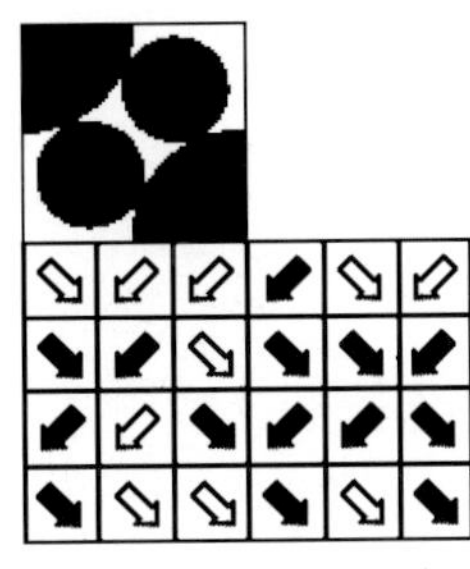

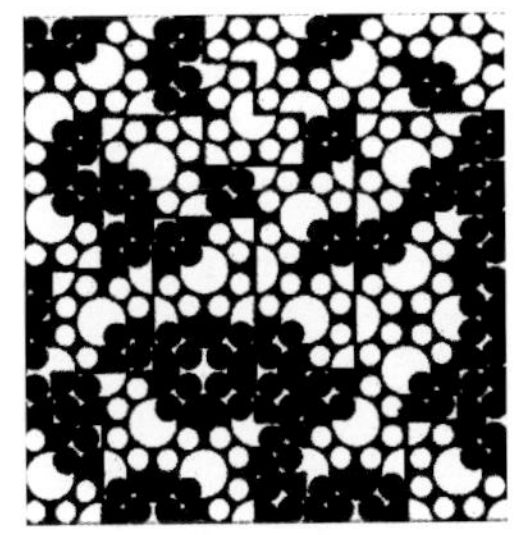

图2-1-13

图2-1-14

2.1.4　重复骨格近似基本形的构成

重复骨格近似基本形是在构成时将基本形经过一些变化，使其大体效果相同，对每个重复骨格格位的具体形象加以局部的变化，即整体统一，各基本形可不完全一样，如图 2-1-15 所示。

图2-1-15

2.1.5　重复骨格构成的应用

重复骨格构成是表现重复美的一种主要形式。在社会现实生活中，应用非常广泛。但在实际应用时，其构成方法往往都是几种形式结合使用。有些作品按构成图形的需要将重复骨格作为设计的主要形式，如图 2-1-16 所示。

图2-1-16

小结：在平面构成中，可以用点、线、面最基本的形态进行基本形的设计，再用重复骨格为基本组织结构，配以相同形，进行不同形式的构图。这种最基本的形态的相互结合与作用可以形成多种形式的内容，随组织结构的变化而变化。

实践训练2 绘制重复骨格重复基本形构成

训练目的 掌握基本形的设计方法，熟练应用重复骨格重复基本形。

训练器材 白、黑色卡纸或特殊材质，墨水，水粉笔或毛笔，水粉颜料，水，圆规，直尺，三角板，鸭嘴笔，模板，铅笔，橡皮，针管笔。

训练要求 从自然与生活中发现形态，进行重复骨格重复基本形的练习。要求画面整洁、清晰、干净。

训练步骤
1. 裁好尺寸合适的卡纸。
2. 用直尺、圆规、模板、铅笔和橡皮绘制已经设计好的图形。
3. 用水粉颜料或墨水涂色。
4. 用针管笔勾边。

训练任务 结合自然与生活，绘制重复骨格重复基本形构成。

学生作业选登

训练作业 2-1

训练作业 2-2

训练作业 2-3

训练作业 2-4

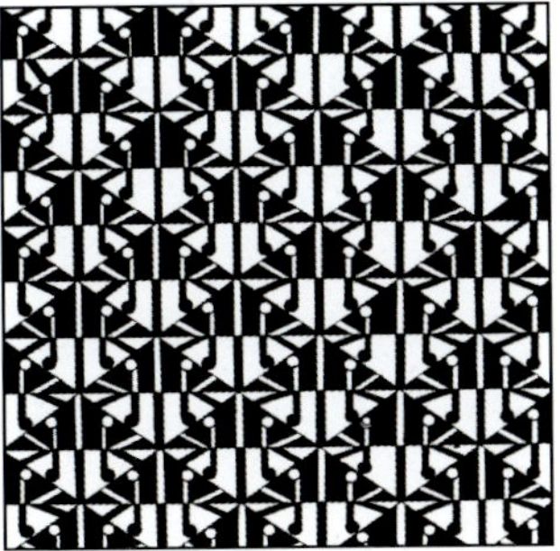
训练作业 2-5

训练作业 2-6

2.2　基本形的群化构成

群化是基本形重复构成的一种特殊表现形式，它不像一般重复构成那样四面连续发展，而具有独立存在的意义。因此，它可作为标志、标识、符号等设计的一种设计手段。在现代社会中，许多商品的商标、活动指示标识以及公共场所的一些标志多是以符号形式来表达的，它们有的采用具象图形来表现，有的采用抽象图形来表现。

图2-2-1

2.2.1　群化构成的基本要领

掌握群化构成的方法和设计规律是非常实用的，也是非常重要的。

1）群化构成要求简练、醒目，设计基本形的时候数量不宜太多、太复杂。基本形的群化构成要紧凑、严密，相互之间可以交错、重叠和透叠。

2）注重构图中的平衡和稳定。

3）基本形要简练、概括，避免琐碎。

4）群化图形的构成要完美、美观，应注重外形的整体效果。

图2-2-2

2.2.2　群化构成形式

1. 基本形的对称或旋转发射排列

可选用多个形，对称或旋转发射式排列，互相交错，形成一种环形旋转对称的图形，如图 2-2-1 所示。

2. 基本形的平行对称排列

在方向和位置上，可采取反射、移动或回转的形式（这几种是对称与平衡的基本形式）构成一种对称的图形，有时亦可重叠、透叠或交错（图 2-2-2）。

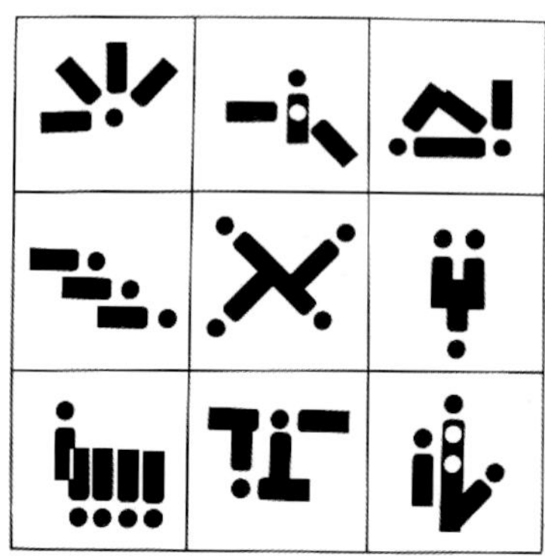

图2-2-3

3. 多方向的自由排列

这种构成方法可采用对称、回转或移动，也可以采取不对称的自由排列，但必须注意其平衡关系，使图形效果稳定，造型完美（图 2-2-3）。

2.2.3 形成群化的条件

形成群化的条件主要有以下几方面：

1）基本形邻近，有两个以上相同的因素（基本形）集中在一起，互相发生联系时，便可构成群化，如图 2-2-4（a）所示。

2）基本形特征具有共同因素，能产生统一性，如图 2-2-4（b）所示。

3）基本形排列的方向一致，会产生图形的连续性，如图 2-2-4（c）所示。

4）习惯性的组合，在视觉经验中，容易形成一个完整的图形，便于联系在一起而构成群化，如图 2-2-4（d）所示。

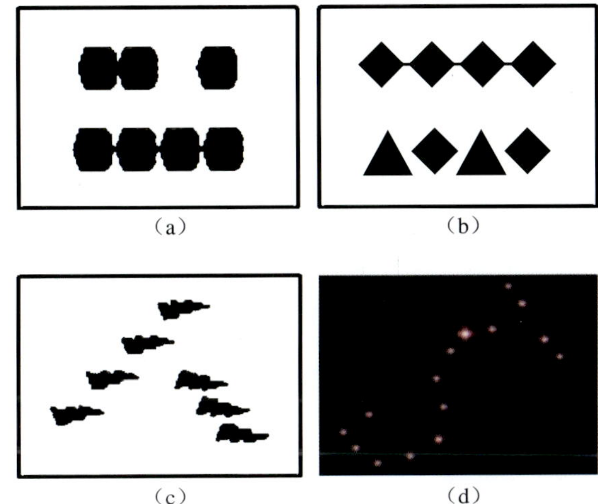

（a） （b） （c） （d）

图2-2-4

2.2.4 群化构成的设计方法

群化构成在设计过程中，由于形态多变，很难在头脑中预想出其最后的效果。为求得最佳方案，我们可以将设计好的基本形，剪下若干个，包括正形和负形；然后，在事先量好格位的纸上进行实际的排列构成，通过比较，确定一个最佳方案。

2.2.5 群化构成的实际应用

群化构成既可以在古建筑楼群看到，也可以在现代的市政设施中得到应用，如图 2-2-5 所示。

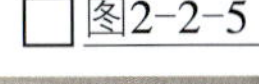

图2-2-5

特别提示

在日常生活中，标志的设计随处可见，标志的设计正是群化的特殊结合形式。构成群化的基本形应简单，容易形成一个习惯形，形象特点可辨性强的群化形象能给人强烈的触动，留下深刻的印象。设计者应善于发现和吸取那些有规律性的表象，运用到设计中去。

小结：基本形群化的构成方法，存在很大的相通性、相似性。在很多成功的设计实例中我们都可以看到基本形群化的身影，它给了我们更大的发挥空间。基本形的群化构成作用是将设计中单一的图形结构按某一种形式进行整合，从而实现完美和谐的整体效果。

实践训练 3 绘制群化构成

训练目的 熟练掌握和应用群化来设计平面及空间关系。

训练器材 白、黑色卡纸或特殊材质，墨水，水粉笔或毛笔，水粉颜料，水，圆规，直尺，三角板，鸭嘴笔，模板，铅笔，橡皮，针管笔。

训练要求 从自然与生活中发现形态，进行群化构成的练习。要求画面整洁干净。

训练步骤

1. 裁好尺寸合适的卡纸。
2. 用直尺、圆规、铅笔和橡皮绘制已经设计好的图形。
3. 用水粉颜料或墨水涂色。
4. 用针管笔勾边。

训练任务

1. 纸张为正方形画面，等分为九分方格。设计一个基本形，在各九方格中分别设计出该基本形的九组群化构成。
2. 纸张为正方形画面，等分为九分方格。设计一个或三个基本形，在各方格中分别设计出该基本形的三组群化构成。

学生作业选登

训练作业 3-1

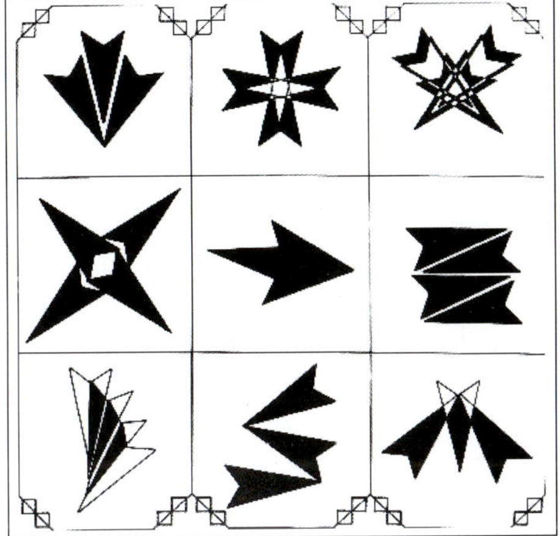

训练作业 3-2

训练作业 3-3

训练作业 3-4

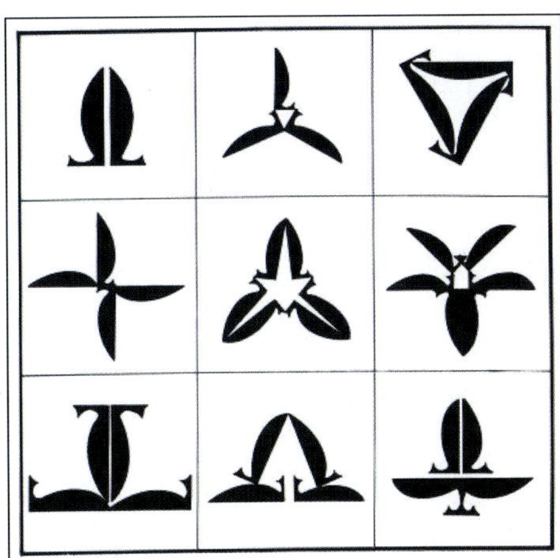

训练作业 3-5

训练作业 3-6

2.3　节奏、韵律的创造与渐变、发射的设计

节奏和韵律是借用音乐和文学艺术中表示时间和轻重现象的用语。在平面构成中所表现出的节奏和韵律的突出特点就是有一定的秩序性。各种形象按照一定的比例，有规则地递增或递减，如图2-3-1所示树的年轮，并有一些阶段性的变化，富有律动感。这种构成作品大都表现得生机勃勃，有时还会呈现一种跃动的感觉，能给人以活力和魅力，增强视觉刺激，提高人们的欣赏趣味。

节奏和韵律的表现特征是把基本形反复地连续排列，并且渐次地进行发展变化，也有的是由于放射形象所产生的渐次变化而形成的。

图2-3-1

2.3.1　渐变构成

渐变是指基本形或骨格逐渐地、有规律地循序变动，它能使人产生节奏感和韵律感。渐变是一种符合发展规律的自然现象，例如，自然界中物体“近大远小”的现象，夜晚马路的线与灯光的点构成几何形的透视网，霓虹灯的闪烁变化，动植物的生长过程，水中的涟漪由小变大等，都是有秩序的渐变现象。

图2-3-2

渐变又称渐移，它是以类似的基本形或骨格渐次地、循序渐进地逐步变化，呈现一种有阶段性的、调和的秩序。例如：月亮的盈亏，音波的传播，水纹的运动（图2-3-2）等。

渐变的种类分为大小渐变、间隔渐变、方向渐变、位置渐变、形象渐变、色相渐变、明度渐变、纯度渐变等。

这些渐变现象，在视觉效果上会产生较强的空间感。

1. 大小和间隔的渐变

前面曾讲过，点、线在某些情况下，都会给人造成一定程度的错觉，而一些错视现象使得原本平面上的图案呈现出空间感，如图2-3-3所示，恰如前面点的性质和作用中所讲的点的大小变化。由于偶然现象反映在人的头脑中，所产生的视觉经验会呈现大点在前、小点在后的视觉效果，造成强烈的空间感和韵律感。

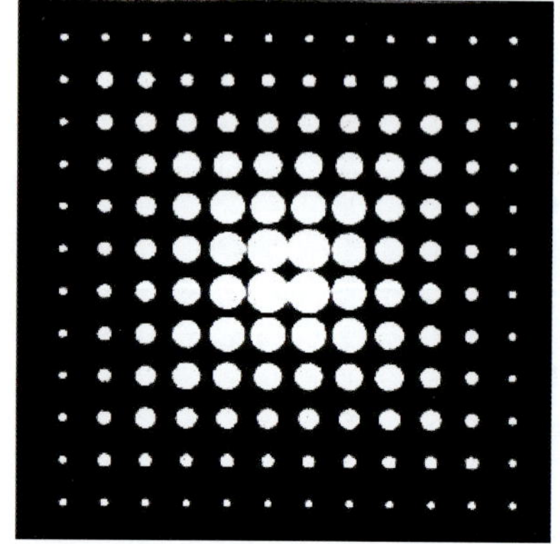
图2-3-3

当间隔按一定的比例渐次变化时，会产生不同的疏密关系，使画面呈现出明暗调子，它是直线群在疏密间

隔上的渐变。如图 2-3-4 所示，在直线群中，间隔渐密所产生的明暗关系，表现了图形透视的规律，在视觉效果上，有圆柱体的感觉，其线的组合，给人以韵律美的感染。同样，我们也可以使线的间隔相等，而线的粗细进行变化或者两者一起发生变化，宽度由粗到细，间隔则相对的从小到大，如图 2-3-5 所示。这样会使画面的效果更加丰富而有变化。

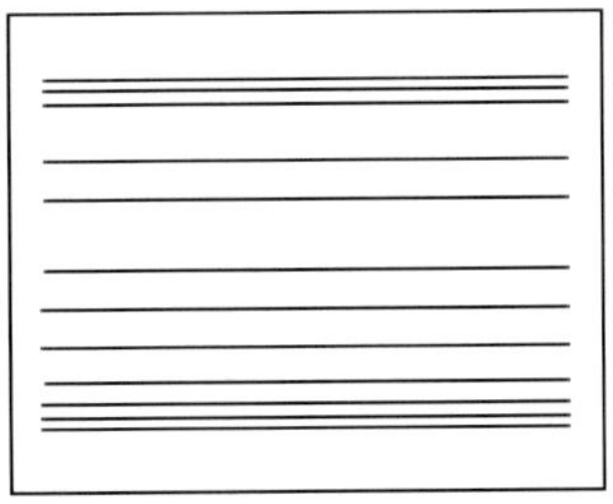

图2-3-4

图2-3-5

图 2-3-6 是线的粗细和间隔宽窄渐变的构成作品，画面表现了直线形与几何曲线形三次元空间，在其线的构成变化中，体现出了鲜明的层次感和充分的韵律美。

图2-3-6

2. **方向的渐变**

1）点的方向渐变。点的排列方向不同，由正面渐次地转向侧面，会产生较强的空间感。排列成带状的点能表现出扭曲的形态，如图 2-3-7 所示；构成圆球形的点群，增强了圆球的透视效果，使圆球更为立体，如图 2-3-8 所示。

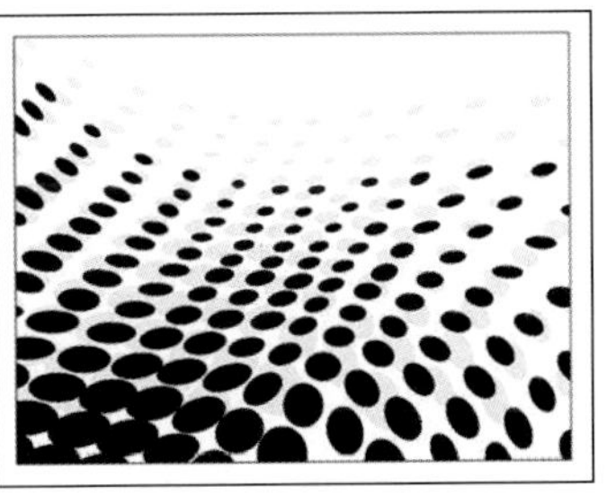

图2-3-7

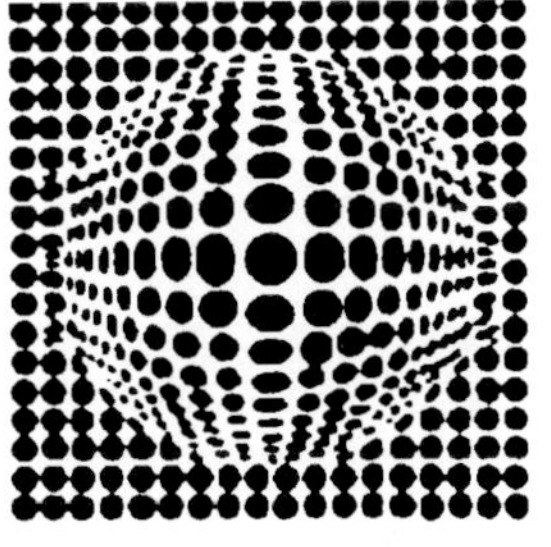

图2-3-8

2）渐次改变线的方向。渐次改变的方向如图 2-3-9 所示，可产生曲面的感觉。不规则的渐次变化，其形象会呈现高低起伏或扭曲，效果见图 2-3-10。由于线群间隔从窄到宽地渐变，使形体更加突出，产生强烈地空间效果；同时由于线群方向的渐变，使形体发生扭曲变化，层次更加鲜明，动感很强。

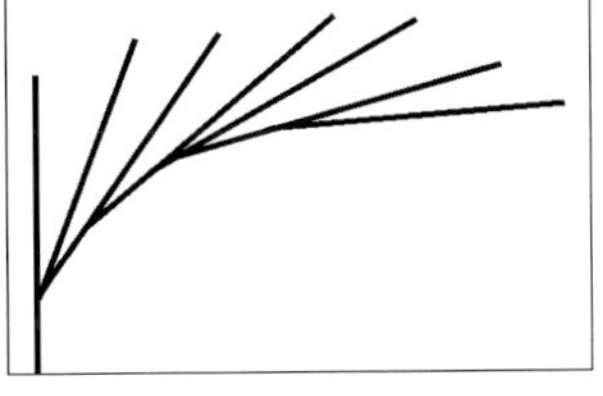

图2-3-9

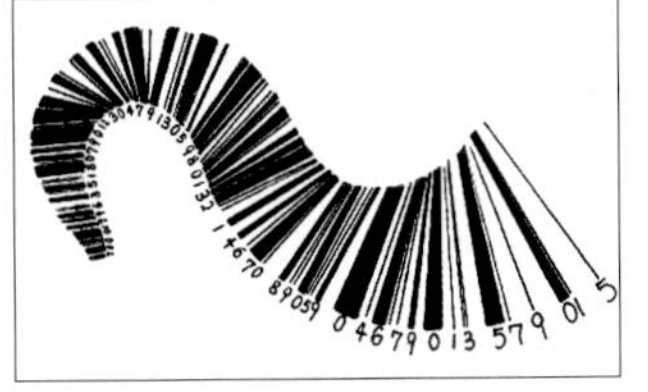

图2-3-10

3. **位置的渐变**

这是指在构成中，把一部分点或线改变位置，变化画面的构成格式，增强画面中动的因素，使作品更富于变化（图 2-3-11）。这种构成图形，

图2-3-11

活泼自然，图形成一种有节奏的起伏，是一种较为实用的造型方法。

4. 形象的渐变

这是指在一系列图形的构成中，为增强人们的欣赏情趣，采取以一种形象逐渐过渡到另一种形象的手法（图 2-3-12）。这种过渡过程，也就是形象渐变的过程。

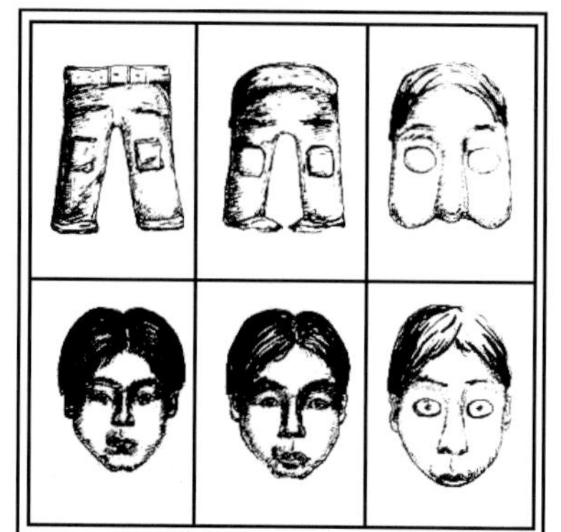
图2-3-12

5. 自然形态的渐变

在自然界中，有些等间隔的点群、线群或者不等间隔的点群、线群进行重叠，便可产生无数变化丰富的渐变图形，这种构成常通过一些现代技术来进行，如摄影、摄像等。

渐变构成的形式分为两种：

1）骨格线的水平线、垂直线的阔窄和方向等的渐次变化取得渐变效果。

2）基本形的渐变，如迁移、方向、大小、位置和色彩的渐次变化而取得的效果（图 2-3-13）。

在构成形式中，既有骨格的渐变，又有基本形的渐变，还有可以不用基本形单以骨格线的渐变，取得渐变效果，也可以在重复骨格中容纳渐变基本形而取得渐变效果。

图2-3-13

2.3.2　发射构成

发射是基本形围绕一个中心，有如发光的光源那样向外发射所呈现的视觉现象。

发射构成的表现特征：画面具有较强的渐变效果，有很强的韵律感，其骨格形式是一种重复的特殊表现形式，构成后的闪光效果，能给人以强烈的吸引力。

发射构成要素：发射中心或发射点（所有的发射骨格线都集中在上面）；发射线的方向性。

根据其发射方向的不同，发射构成分类可以分为以下几类。

1. 离心式发射

这是一种发射点在中央部位，其发射线向外方向发射的，如图 2-3-14 所示构成形式。

由于基本形不同，又可分为直线发射和曲线发射：

1）直线发射是从发射中心，以直线向外放射扩散的构成，其中包括单纯性构成和复合构成，直线发射呈现直线具有的性格，构成的形象使人感到其发射线强而有力，如图 2-3-15 所示。

2）曲线发射由于发射线方向的渐次变化，能表现出曲线所具有的特征，其线的变化使人感到柔和变化多样，并可令人感觉到旋转运动的效果，如图 2-3-16 所示。

2. 向心式发射

这是一种发射点在外部，从周围向中心发射的构成形式，如图 2-3-17 所示。

3. 同心式发射

同心式发射是指发射点从一点开始逐渐扩展，如同心圆或类似方向的渐变扩散，所形成的重复形。这种构成，由于其主要发射线都集中在一起，格式变动有较大的局限性（图 2-3-18），因此，在构成中可从多种因素结合进行。

4. 移心式发射

移心式发射根据图形的需要，按照一定的动势，有秩序的渐次移动位置，形成有规则的变化（图 2-3-19）。这种发射构成能表现出较强的空间感，并具有曲面的效果。

5. 多心式发射

在一幅作品中，以数个点进行发射，有的是发射线互相衔接组成单纯性发射构成（图 2-3-20）。这种构成效果，具有明显的起伏状，空间感较强。

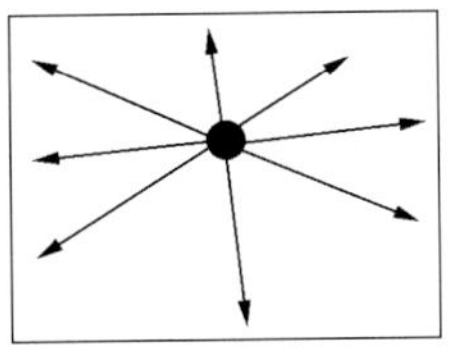

发射骨格

不可见发射点

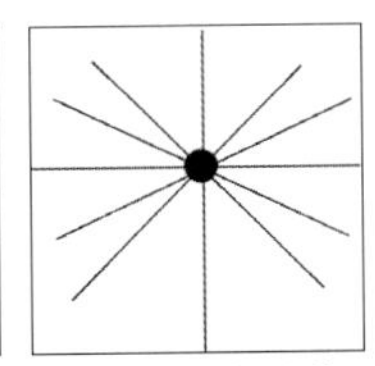

离心式发射骨格

图2-3-14

图2-3-15

图2-3-16

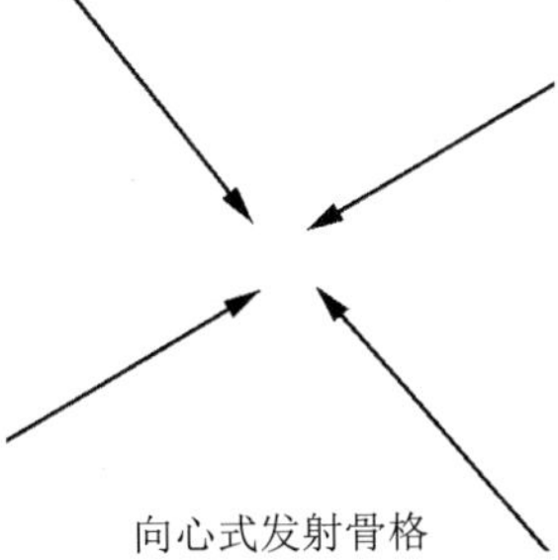

向心式发射骨格

图2-3-17

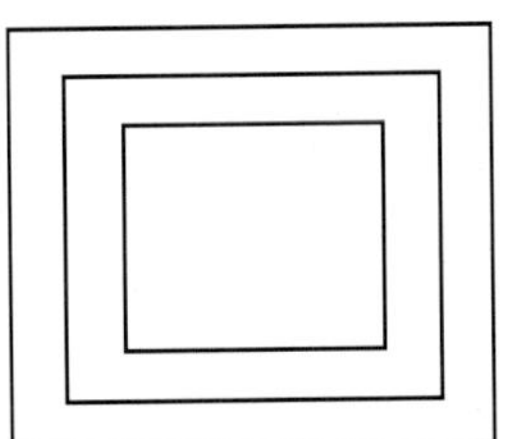

同心式发射骨格

图2-3-18

图2-3-19

图2-3-20

2.3.3　渐变、发射实例应用

在实际应用中，渐变、发射等构成方式被广泛运用在多种建筑设计中，如图 2-3-21 ～图 2-3-23 所示。

图2-3-21

图2-3-22

图2-3-23

特别提示

在日常生活中，到处都含有节奏和韵律的因素。在设计中，节奏和韵律包含在各种构成形式中，但其中最为突出的是，表现在渐变和发射构成两种形式和方法中。建筑物的外观设计、室内装饰空间的设计，渐变与发射的应用占据了大部分空间。设计者应善于发现和吸取那些有规律性的表象，运用到设计中去。

小结：以平面构成中点、线、面形态进行基本形的设计，形态产生连续的有规律的变化，以类似的基本形或骨格，渐次地、循序渐进地逐步变化，或是以基本形围绕一个中心进行发射。这种最基本的形态的相互结合与作用形成了多种形式的内容，随组织结构的变化而变化。把这一规律运用到设计中去，便会增强美的效果。

实践训练4　绘制渐变、发射构成

训练目的　熟练掌握和应用渐变、发射来设计平面及空间关系。

训练器材　白、黑色卡纸或特殊材质，墨水，水粉笔或毛笔，水粉颜料，水，圆规，鸭嘴笔，直尺，三角板，模板，铅笔，橡皮，针管笔。

训练要求　从自然与生活中发现形态，进行渐变、发射构成的练习。要求画面整洁干净。

训练步骤　1. 裁好尺寸合适的卡纸。

2. 用直尺、圆规、铅笔和橡皮绘制已经设计好的图形。
3. 用水粉颜料或墨水涂色。
4. 用针管笔勾边。

训练任务　1. 以渐变构成中的五种形式为参考进行渐变构成的练习。

2. 以发射构成中的五种形式为参考进行发射构成的练习。
3. 渐变与发射构成相结合的练习。

学生作业选登

训练作业 4-1

训练作业 4-2

训练作业 4-3

训练作业 4-4

训练作业 4-5

训练作业 4-6

2.4　比较形式——对比与变化

利用对比的形态构成视觉上的差异，通过形态的大小、疏密、虚实、异同、色彩和肌理等对比因素来构成画面，这就是对比构成。

2.4.1　对比的作用

对比是人们对一切事物识别的主要方法。在设计中，运用对比的手法，便可突出某种形象和内容对比，在画面所产生的效果是变化。

对比的视觉效果使我们能感觉到一种画面的变化，所以说，对比是构图中最活跃、最积极的形式之一。

2.4.2　对比的形态

对比的形态体现在形、质、势三个方面。

形的方面：比如，形的大小、形的方圆、形的曲直、形的位置。

质的方面：比如，形的粗细、形的轻重、形的刚柔、形的强弱。

势的方面：比如，形的聚散、形的动静、形的方向、形的重力。

2.4.3　对比的分类

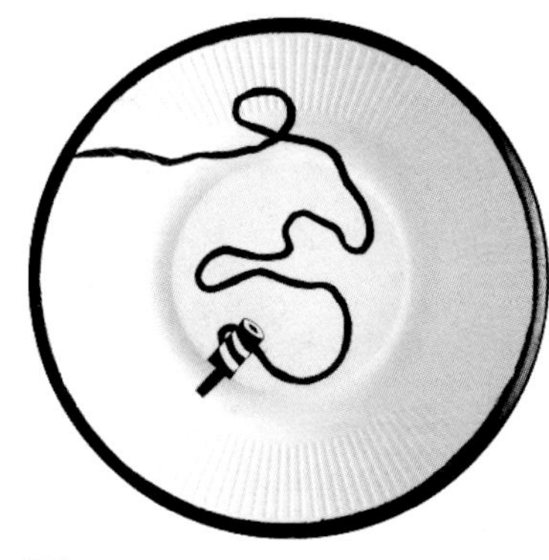

□图2-4-1

1. 空间对比

在设计中，画面必须留有一定的空间才能增强其作品的深度感，才能突出主体（图 2-4-1）；否则，给人一种压迫感。

画面中形象所占的空间与形象以外的空间会形成一种明显的视觉对比，形所占的空间太大，周围的空间势必太小，画面就有充塞感，对比就不成立了。

中国画的空间处理——“密不透风，疏能跑马”，非常形象地阐明了空间的对比关系。

□图2-4-2

2. 聚散对比

密集的图形与松散的空间所成的对比关系（图 2-4-2）是每件作品必须处理好的问题之一。要处理好画面中的聚散关系，必须注意安排好主体形象与次要形象之间的关系，对形象的密集程度以及形象密集后的整体效果、形象密集区与疏散形象之间的呼应、疏散形象的位置等给予恰当的安排，会使主次分明，聚散呼应，穿插得当。

布局应考虑的因素主要有以下几点：

1）要有主要的密集点和次要的密集点，以及第三、第四等的观察次序。

2）密集点可以以点为中心的密集，也可以以线为中心的密集，要处理好密集构成的外形，既能使人感到完整，又要使密集图形互有穿插变化。

3）要使主要密集点与次要密集点之间产生一定的联系，使各形象的互相关系有一定的呼应。

4）密集形象的运动发展趋势要形成一定的节奏和韵律感。

图2-4-3

3. 大小对比

大小对比较容易表现出画面的主次关系，在设计中比较主要的内容和比较突出的形象（图 2-4-3）一般都处理得较大些。

大小对比的共同特点：突出大的形象为主要部分，同时，又有些重复或类似的小的形象发生呼应作用，使画面布局表现出一种重复美，在整体上较为生动活泼，而且内容活泼。

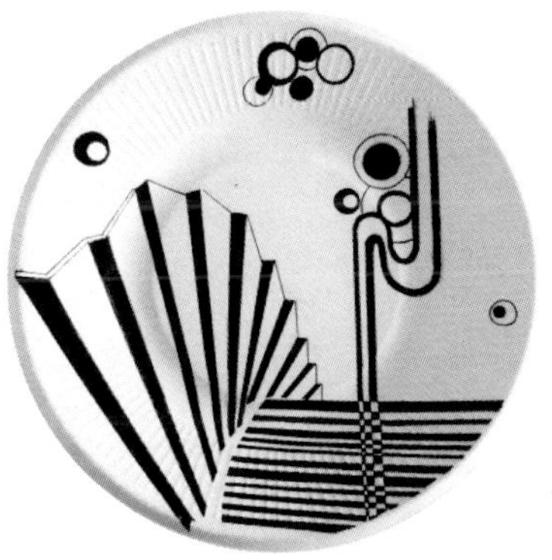

图2-4-4

4. 曲直对比

无论线的曲直还是面的曲直，都各具个性（图 2-4-4）。过多的曲线，会造成不安定的感觉，过多的水平线或垂直线会显得呆板、停滞，因此需恰当运用曲直对比。利用各种形态曲直之间的对比，能使画面产生明显的变化。

图2-4-5

5. 方向对比

在任何画面的构图中都要避免单一方向的形态，因为这样可能引起画面的失衡和呆板。凡是带有方向性的形象，都必须处理好方向的关系（图 2-4-5），在构成对比中，既不能使对比力完全平衡，也不能让反方向的力丧失应该具有的作用。

图2-4-6

6. 明暗对比

画面的黑白灰关系就像素描一样，是相互制约、相互依赖的。在设计作品时，必须注意黑、白、灰的对比关系（图 2-4-6）。在画面中，要有一定比重的重色块，又要有一定面积的白色块或亮色块，这样才会感到作品的色调丰富和明快，线群的排列仅能起到灰色块的效果。

2.4.4　对比构成需要掌握的要点

对比构成中，需要重点掌握的有以下几个方面：

1）首先要处理好全画面的统筹安排，使画面中心安排在较好的位置，而且，画面的布局要充实、丰满，避免偏集在某个角落，或平均分布；同时，要避免在整体外形上，过于拘紧，造成小集团式的图形。

2）画面各部分的组成要有主次，应有主要、其次，以及第三等密集点区别。

3）各密集点本身，也必须有疏密变化。

4）画面中心要有点、线、面的对比，要有一定比例的重色块和亮色块，对于裸露在外面过长的线，应适当以点、线、形加以断开进行重叠或透叠等，以增加其变化。

5）结合自然形态的作品形，要尽可能加以概括抽象，使形象具有一定的量感，避免过于繁琐和细微的变化。

2.4.5　对比构成作品实例

对比，在画面上所产生的效果，是变化。如果一件作品缺少变化，其形象千篇一律，就会让人感到呆板。每件作品都必须要有适度的变化、对比，同时又必须注意处理好各局部之间的关系（图 2-4-7），使之和谐一致。

图2-4-7

特别提示

事物的对立统一规律告诉我们，事物的对立是绝对的，统一是暂时的、相对的。所以，研究对立状态下各种事物存在的方式以及平衡的条件，对把握不同事物或形态共处一个空间后的视觉效果是有意义的。

小结：对比是一种自由构成的形式，它不以骨格线为限制，而是依据形态本身的大小、疏密、虚实、显隐、形状、色彩和肌理等方面的对比而构成的。对比其实就是一种比较，可以是显著的、强烈的，也可以是模糊的、轻微的；可以是简单的，也可以是复杂的。

实践训练 5　绘制对比与变化构成

训练目的　熟练掌握和应用对比与变化来设计平面及空间关系。

训练器材　白、黑色卡纸或特殊材质，墨水，水粉笔或毛笔，水粉颜料，水，圆规，鸭嘴笔，直尺，三角板，模板，铅笔，橡皮，针管笔。

训练要求　从自然与生活中发现形态，进行对比与变化构成的练习。要求画面整洁干净。

训练步骤　1．裁好尺寸合适的卡纸。

2．用直尺、圆规、铅笔和橡皮绘制已经设计好的图形。

3．用水粉颜料或墨水涂色。

4．用针管笔勾边。

训练任务　从自然与生活中发现形态，以对比构成中的六种形式为参考，进行对比构成的绘制。

学生作业选登

训练作业 5-1

训练作业 5-2

学生作业选登

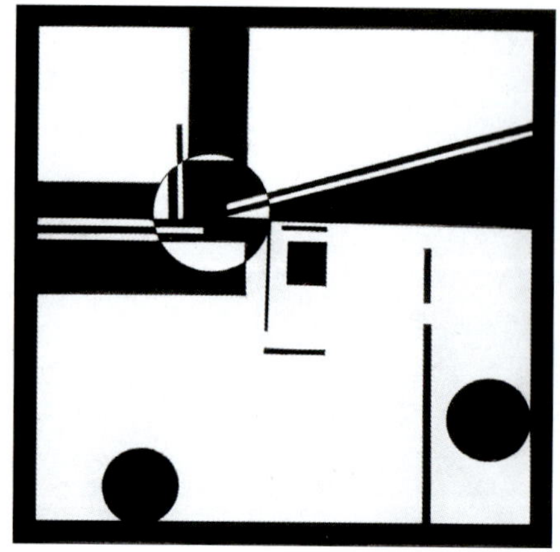
训练作业 5-3

训练作业 5-4

训练作业 5-5

训练作业 5-6

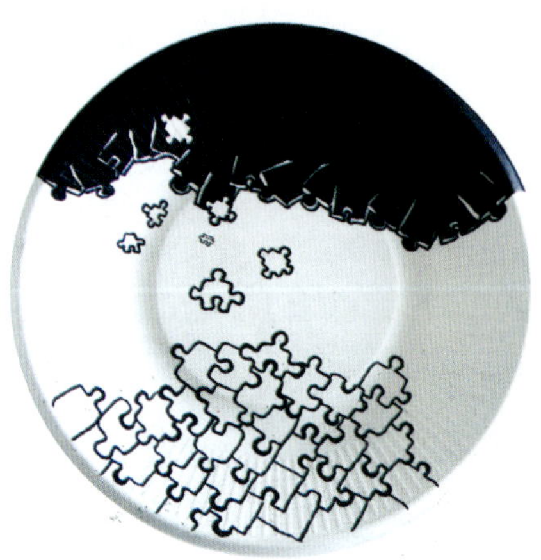
训练作业 5-7

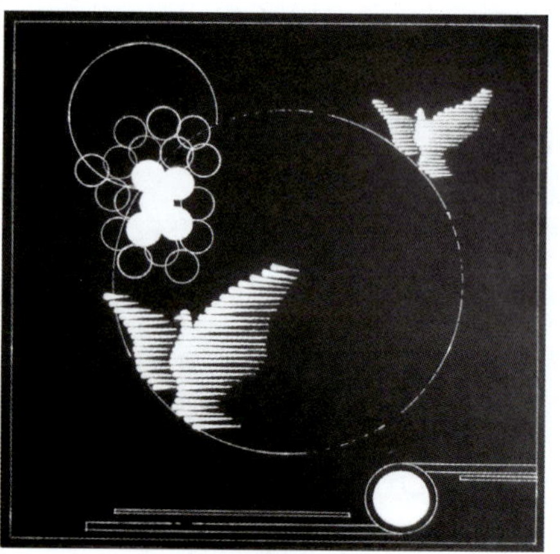
训练作业 5-8

2.5　打破常规——破规与变异

前面介绍过，自然界中美的形式规律有两种：一是有秩序的美，这是大量的和主要的表现形式；另外一种，就是打破常规的美。世界上一切事物，都在不断地发展变化。

变异是规律的突破，在相同形态或相似形态的重复排列中安排小的局部的变化，本质上也是对比的方法之一。

2.5.1　破规和变异的分类

1. 特异构成

在普遍相同性质的事物当中，个别不同性质的事物会立即显现出来（图 2-5-1）。

在平面设计中，构成秩序性是形式美规律的重要因素，若在其中有少数与此不相一致的因素，便会引起对比，使作品更加活泼多变。但在构成中为达到预想的效果，还必须处理好其上、下、左、右的空间安排，使画面整体上有较好的平衡关系，并感到丰满而有变化，有时也要体现画面的节奏和韵律，以及形象分布的呼应关系。

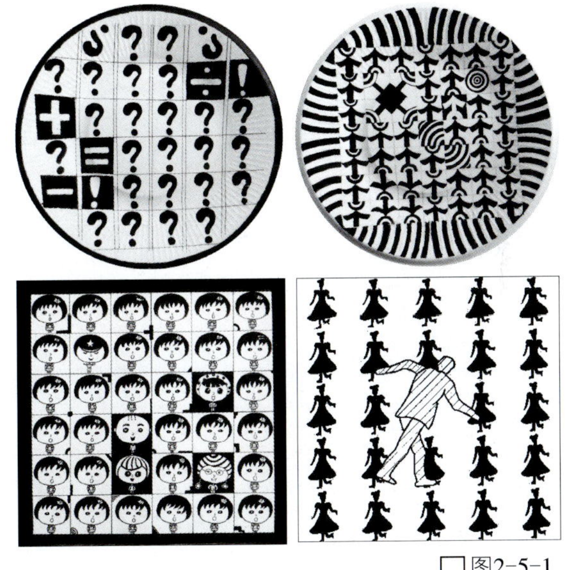

图2-5-1

2. 形象变异构成

在形象的重复构成上，特异是一种较为普遍的构成手法，凡变异处即是视觉的中心点。形象的变异也就是具象的变形，其造型更加概括、简练，特征更加鲜明突出，性格更加典型。形象变异有以下几种方法：

1）抽象法：即对一些自然形态的图形，根据画面内容形式及生产工艺的需要，进行整理和高度概括，夸张其典型性格，从而提高装饰性，增强其艺术效果。例如，央视少儿节目播放的动画片《大头儿子小头爸爸》(图 2-5-2)以夸张的形象点明了主题。

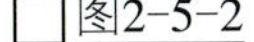

图2-5-2

图2-5-3

2）变形法：将自然形态发生扭曲、变形，从而引起人们产生乐趣。例如，剪纸艺术（图 2-5-3）由于受加工工艺的约束，

图2-5-4

图2-5-5

在形象上必须做某些概括；还有哈哈镜的效果（图 2-5-4）。

3）切割法：为了适应某些设计部位的需要，可将部分形象进行适当的切割，重新拼贴构成。采用这种手法，可使一个图形变成两个或三个重复形、对称形或投影等（图 2-5-5）。运用此手法可以使形象压缩、拉长，也可以扭曲或局部夸张。采用这种手法可以将形象表现得含蓄、若隐若现，别有一种趣味，并且有一定的装饰性。

4）格位放大法：将自然形态的图形，按其形象大小量取若干等大的正方形格位，而在变形的部位，也量取同等数量的格位（图 2-5-6），其格位按变形的需要，可拉成长方形（左右拉长形象）、菱形（形象倾斜）、曲线形（扭曲状态）等不同形状，然后将原形按格位的布局移至变形部位。

图2-5-6

5）空间割取及形象透叠法：进行形象切割构成。步骤：①寻找适当的彩色图片；②切割；③组织排列方法；④进行版画构成。

2.5.2 空间构成

平面设计中为了表达空间立体效果，按透视学的原理，一般采用将平行直线集中消失到灭点的方法，从而表现其空间感。

这种空间透视，存在不合理性，而且，有时还不易寻出其矛盾所在，这样反而会增加欣赏兴趣。从不同的方向观看可以有不同形体的表现。还有一种表现，是空间立体的错视，又叫“模棱两可的图形”，如图 2-5-7 和图 2-5-8 所示。

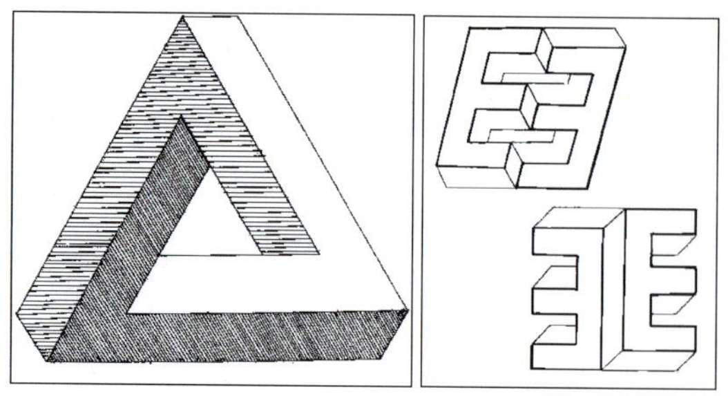

图2-5-7

图2-5-8

图2-5-9

2.5.3 视觉感应构成

由于左右两眼观察的差异，两眼经过较长时间的凝视，在视觉上引起错视，从而对图形的感应产生一种错动感和起伏感。人类视觉感受的神秘性形成了视幻觉（visual illusion）。视幻觉可说是人类的视觉感受的错误，如图 2-5-9 所示。而正是这些视觉感受的错误，引起了许多艺术家的兴趣，激发了他们的创作灵感和技巧，使得他们有可能创作出众多千奇百怪的作品。

早在古罗马时代，就有一些艺术家利用视幻觉来创作艺术品。到了文艺复兴时期，一些艺术大师开始建立新的思想，其中达芬奇创立了透视原则，开始在二维平面上绘制具有三维性质的物体。达芬奇的美学原则，就是绘制出“三维世界的幻象”。20 世纪中期，由于科学技术的进步与发展，西方现代艺术出现了不少与科技相关的现代艺术流派，比如 1964 年在美国出现的“欧普艺术”（Op.Art ）就是一个例子，他们利用光幻觉和视错觉创作出众多新型的作品。从 20 世纪 90 年代开始，人类社会进入了一个新时代，即由电脑催生出了数码技术时代。虽然这场革命起始于技术领域，但很快波及整个社会，对传媒和当代艺术都产生了巨大的影响，进而使得文化与艺术发生转向。电脑技术为艺术家提供了更多的创作方式，越来越多的艺术家，特别是年轻的艺术家，利用视错觉和光错觉来进行创作。网络和新媒体也使得这些艺术家如虎添翼，不断创新，制作出很多令人目瞪口呆的新艺术。不但艺术创作使我们吃惊，就是艺术接受的趋势、深度与广度也突然之间变得令人难以捉摸。视觉游戏，已经成为当今艺术中时髦的东西了。

2.5.4 特异构成作品实例

特异构成作品实例可参见图 2-5-10 和图 2-5-11。

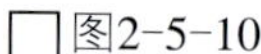
图2-5-10

图2-5-11

特别提示

变异是规律的突破，在相同形态或相似形态的重复排列中作小的局部的变化，本质上也是对比的方法之一。变异的形式是在整体事物中一种特有的表现形式，可以突出个性、突出重点。事物的对立是绝对的，统一是暂时的、相对的。

小结：变异是一种特殊构成的形式，它不以骨格线为限制，而是依据形态本身的特点而构成的。它是一种在“规则”中求“不规则”，在有序中求变化，有意识地制造特殊视点，起到“聚焦”作用的构成形式。

实践训练 6　绘制破规与变异构成

训练目的　熟练掌握和应用破规与变异构成来设计平面及空间关系。

训练器材　白、黑色卡纸或特殊材质，墨水，水粉笔或毛笔，水粉颜料，水，圆规，鸭嘴笔，直尺，三角板，模板，铅笔，橡皮，针管笔。

训练要求　从自然与生活中发现形态，进行破规与变异构成的练习。要求画面整洁干净。

训练步骤　1．裁好尺寸合适的卡纸。

2．用直尺、圆规、铅笔和橡皮绘制已经设计好的图形。

3．用水粉颜料或墨水涂色。

4．用针管笔勾边。

训练任务　从自然与生活中发现形态，以变异构成中的五种形式为参考，进行变异构成的绘制。

学生作业选登

训练作业6-1

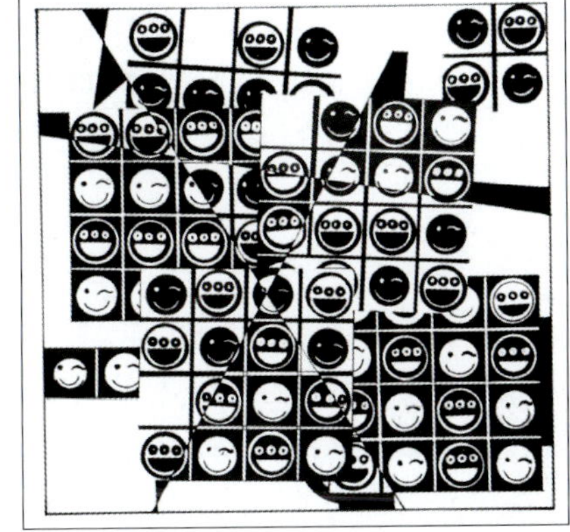

训练作业 6-2

训练作业 6-3

训练作业 6-4

训练作业 6-5

训练作业 6-6

2.6　肌理为设计增色

在平面设计中，对不同物质表面的不同表现手段所给人的感觉，是不同材料和不同构造的物体所给予人们感官上不同特征的总称或是对物体表面不同纹理的感觉。

肌理是物质表面所存在的一种纹理。有人把“肌”代表物象表皮，把“理”代表物象表皮纹理的特征，故“肌理”实际上是表现大千世界物质形态的一种方法。

从本质来看，肌理应该是一种有秩序的形式结构。从大量肌理的现实分析来看，大部分的肌理是具有某种秩序性的，形式上有着某种规律性。比如有些在整体上显示着由比例关系而体现的节奏感，有着类似渐变的视觉效果；有些又在形态上与色彩上显现出由对比关系而产生的视觉张力。正因为肌理具有这种审美价值，才会被运用为装饰的一种方法。

人工的物质肌理是美的形式的集中体现，是人们对自然肌理的一种理性的整理。肌理的存在使物质的可视性得到很大的提高，增强了形态的立体感。

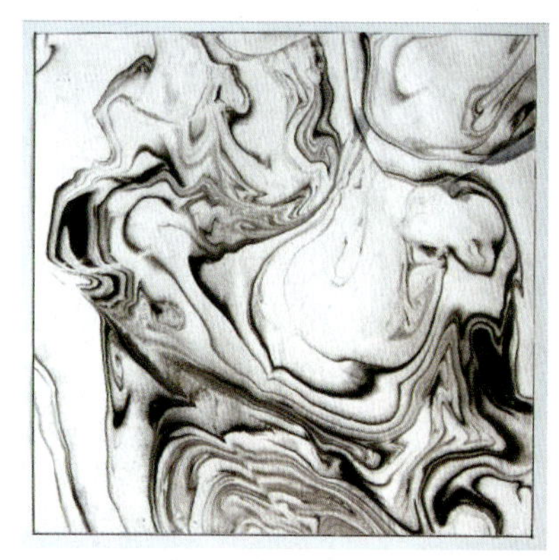
图2-6-1

图2-6-2

2.6.1　平面肌理的制作方法

1. 浮色拓印法

方法：将墨或颜料滴在水面，进行搅动，在颜色还没完全混在一起时，用较能吸水的纸张，铺在上面，将浮色粘在纸上晾干即可（图2-6-1）。

效果：仿大理石效果。

材料：水、纸张（吸水性较好、宣纸最好）、墨或颜料。

器具：敞口容器。

2. 揉皱拓印法

方法：将纸揉后铺平，并保持一定的折皱，然后在纸上刷上颜色；也可以先在纸上涂上颜色再揉皱，然后涂上第二种颜色（图 2-6-2）。或多次揉皱，多次涂颜色。

材料：水、纸张（容易揉皱的）、墨或颜料。

3. 混色法

方法：用浓度较大的水粉颜料，在画纸上堆积并搅动，使其自然混合形成偶然形（图 2-6-3）。

材料：纸张、水粉或油画颜料。

图2-6-3

4. 自流法

方法：将水粉饱和的不同颜色，涂在较光滑的纸面上，使其自然流淌或用气吹动，使之构成不同的偶然线条（图 2-6-4）。

效果：形象自然活泼，表现较为生动、抽象。

材料：水粉或水彩颜料，较光滑的纸张。

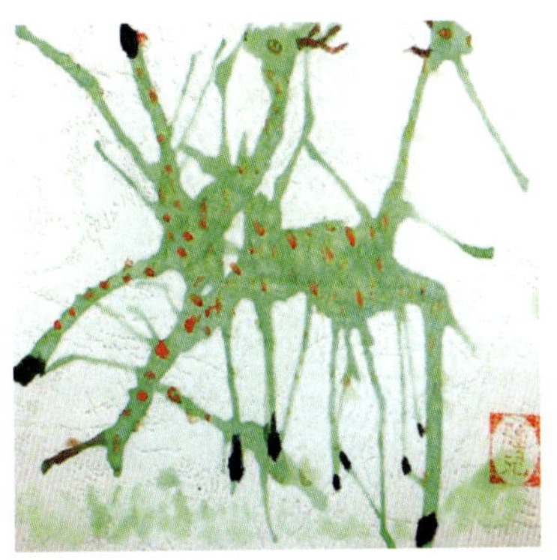
图2-6-4

5. 湿润法

方法：在表面较为光滑的硬纸板上，涂上清水，在接近晾干时，用颜色或墨水涂于潮湿的纸板上，使其自润成偶然形，如图2-6-5所示；另外，也可用宣纸，涂上颜料或墨水，使其自然浸润，也可出现湿润散开的图形。

材料：水彩、纸张（吸水性较好）。

效果：较朦胧、虚幻。

图2-6-5

6. 对印法

方法：将浓度较大的不同颜色涂在表面光滑的纸板上，然后，用另一张纸板对合在一起，用手紧压起开后即可形成两幅互相对称的图形（2-6-6）。

效果：较为自然生动，有时会接近某种自然景象。

材料：色料（水粉）、纸张。

图2-6-6

7. 熏灸法

方法：使用热源材料将画面纸进行熏灸，产生出肌理纹样。有熏边成形、烙图、火烧后成形、烟熏成图等，如图 2-6-7 所示。无论何种方法，都是通过火与烟使画面产生不同的颜色层次，或由燃烧的残痕产生特殊的美感。

材料：烙铁、蚊香、卫生香、打火机、香烟，以及报纸、木材或其他易燃材料等。

8. 压印法

方法：利用某些自然形象，如：干树枝、树叶、树皮、草编织物、米粒、干草、干板花纹等，在上面涂洒颜色后用纸铺在上面压印（图 2-6-8）。

图2-6-7

图2-6-8

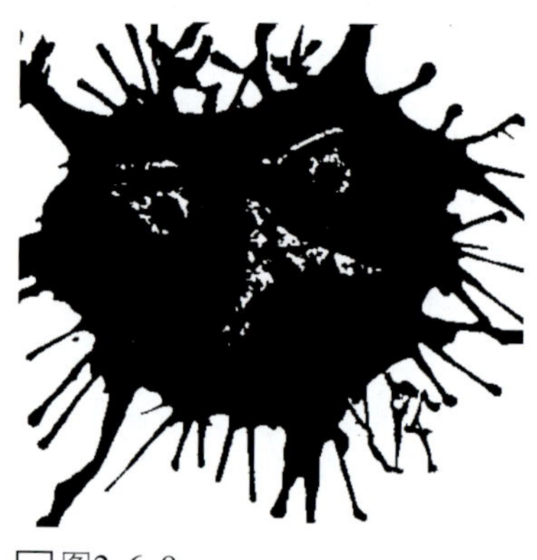

图2-6-9

图2-6-10

图2-6-11

材料：纸张及其他自选材料。

9. 喷洒法

方法：用墨或颜料涂洒在纸上，以秃笔适当地进行补笔（图2-6-9），表现出某种形象，以表达作者的意图。

材料：纸、色料、笔。

10. 拼贴法

方法：选取旧杂志、报刊上的部分版面用手撕下来所形成的偶然形，拼贴起来构成一幅完整的作品（图2-6-10）。

要点：注意处理好画面的平衡、空间、疏密、主次、韵律等关系，显露出整齐的文字与撕破纸边，及不甚完整的图形等关系的对比。

11. 挤压法

方法：在纸板上涂刷颜料后，趁湿贴上玻璃纸，然后用手挤压，使玻璃纸紧贴在纸板上（图 2-6-11）。

效果：玻璃纸湿润后会形成许多自然的皱褶，便会产生多变的偶然形。

材料：纸、玻璃纸、色料。

12. 其他方法

还可以根据材料将其采用多动方法来创作更丰富的作品，如吹泡法、混合法、叠加法和滴溅法（图 2-6-12 ～图 2-6-15）等。

2.6.2　材料肌理的制作方法

当材料的结构语言大于材料本身的视觉特征时，这种材料就被视为造型的语言。肌理本身就是设计，就是造型艺术。

当一种材料用作肌理构成，它就应该脱离材料本身的属性，成为新的造型的一部分，这种变化要依赖于加工和组装。

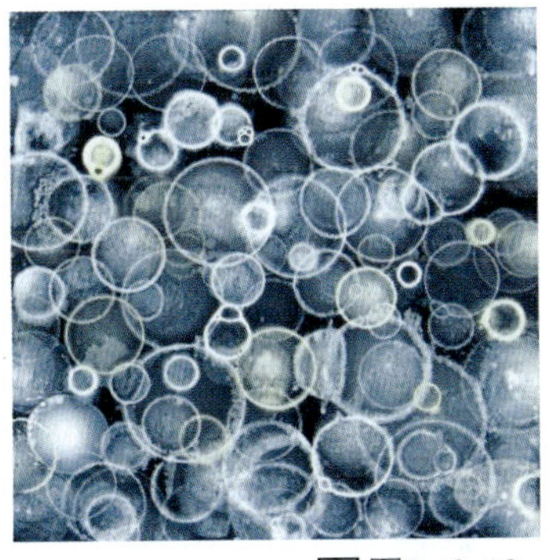

图2-6-12

图2-6-13

1. 堆积式

大多用于小的颗粒状的或细线的局部面积堆积（图 2-6-16）。小的颗粒可运用几何形与非几何形，一颗小的纽扣、一粒小的彩色的药丸、一颗白石子都能以一定的数量堆积在一起，形成面积，构成势态，从而产生视觉上和触觉上的心理感受。

图2-6-14

图2-6-15

2. 镶嵌式

镶嵌是一种材料的组合形式，其最大的效果是对比的视觉差异（图 2-6-17）。镶嵌可以有材质上的考虑、色泽上的考虑以及造型上的考虑。例如，将贵重的物质镶嵌在一般的物质上，会提升整个形态的价值；将大米作底，用赤豆镶嵌在大米里，既有体量上的对比，又有

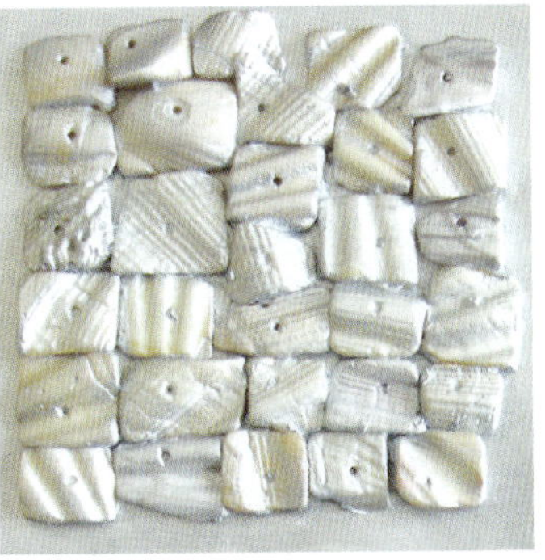

图2-6-16

图2-6-17

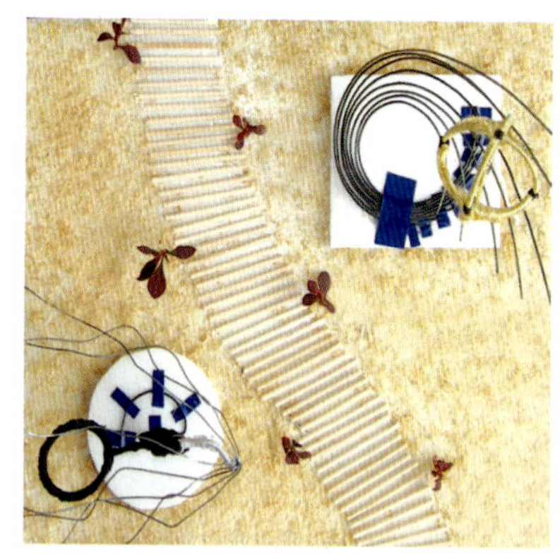
图2-6-18

图2-6-19

色泽上的差异；将透明的和半透明的形镶嵌在一起，将明显增加画面的视觉层次；将线状的形与点状的形镶嵌在一起，一定是能彼此之间显现的更清楚一些。

3. 粘贴式

将不同的材料和不同的面积有组织地黏合在一起，形成材料的叠加，产生新的形态、新的材料结构，这是材料的再创造（图 2-6-18）。粘贴能充分利用原有的材料特性，原来的肌理特征，将不同的视觉融为一体，改变高度，改变色泽，产生对比度。

例如，将金属钵纸、有机玻璃的薄片、半透明的硫酸纸片，以及有着文字的广告纸，切割成大小不等的小方块和长方形，按一定的面积比黏合起来，使其中的一部分相叠，就能产生不错的肌理效果。

4. 组装式

将呈现触觉肌理面貌的自然物种置入有形或无形的框架中，这就是组装（图 2-6-19）。组装的特点是将相异的文化符号通过一定的背景，自然地融合在一起，将文化符号在画面上组成新的语言。

5. 编织式

用线状材料和带状材料编织成形态，构成肌理的一部分（图 2-6-20）。可运用的材料很多，不同的线材有绒线、尼龙线、塑料线等，既能构成图案式的肌理，又能构成一定形态的骨格线。

2.6.3　肌理构成作品实例

作品实例如图 2-6-21 和图 2-6-22 所示。

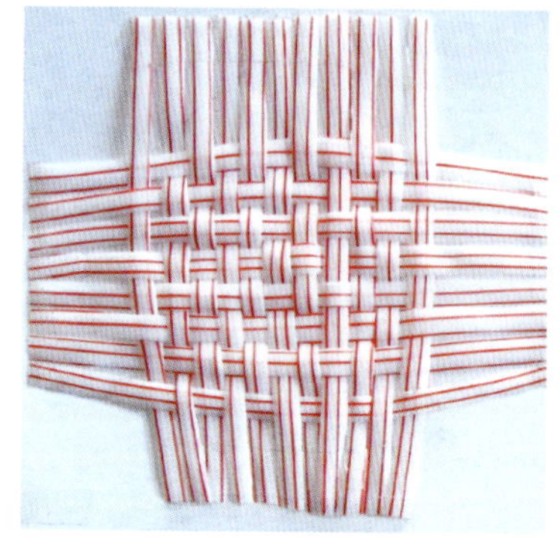
图2-6-20

图2-6-21

图2-6-22

特别提示

万物均以其个性特征显现于世，肌理便是个性特征的表象之一。肌理具有可识别性，它会通过视觉产生联想，通过联想产生对艺术形态语言性的认知，从而在任何类型的设计实践中发挥其视觉、触觉上的创造作用，以丰富各类形态的表情，扩大形态的视觉场。

源于自然的物质肌理本有着客观的结构方式，当我们将其从客观中抽象出来成为视觉元素时，它的本质意义就产生了变化，能够被我们借用、仿制、微缩和创制，从而获得新的独立的意义。

小结：绘画性肌理从感知的方法来说是属于视觉感知的肌理，是平面肌理，只是在视觉上有时能产生三维的视觉和一定的触觉。能触觉感知的肌理（材料肌理）是运用物质材料构成的，有效地利用材料的自然肌理特性来完成设计，是肌理构成创造的主要形式。

实践训练 7 平面肌理与材料肌理构成训练

训练目的 熟练掌握和应用肌理来设计平面及空间关系。

训练器材 白、黑色卡纸或特殊材质，墨水，水粉笔或毛笔，水粉颜料，水，圆规，鸭嘴笔，直尺，三角板，模板，铅笔，橡皮，针管笔。

训练要求 从自然与生活中发现形态，进行平面、材料肌理构成的练习。要求画面清洁明确。

训练步骤 1．选择尺寸合适的卡纸、材料。

2．应用各种工具绘制图形。

3．用各种色料、材料上色。

训练任务 1．从偶然形中发现、提取形态，做平面肌理构成练习。

2．从触觉感知中对材料肌理进行构成练习。

学生作业选登

训练作业 7-1

训练作业 7-2

学生作业选登

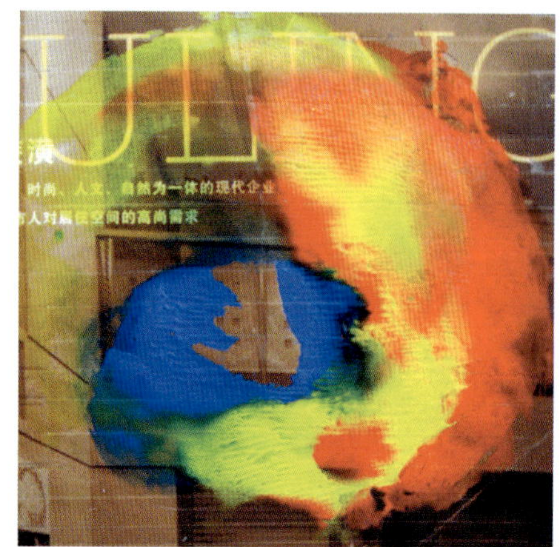

训练作业 7-3

训练作业 7-4

训练作业 7-5

训练作业 7-6

训练作业 7-7

训练作业 7-8

平面构成材料体验

单元概述 本单元主要介绍了二维空间内常用的材料。通过熟悉各种材料的特性及其表现方法，掌握由肌理所传达的物质信息和色彩的自然美与内在的和谐性，培养从大自然中捕捉形式美的能力。

不同的材料特性具有不一样的构成限定，点状、线状和面状的材料一般都有形成构成语言的特性和限定性，在利用形态和材料时应给予充分的注意。例如，点状的形态更有效的作用是表明位置，调节平衡；线状的形态有利于轮廓塑造和骨格线安排，也能以缠绕形成形态，比较容易构成曲线状形态。

图3-1-1

图3-1-2

3.1 常规构成材料体验

常规材料体验主要有两种方法：一是凭借相关的工具和材料进行平面手绘制作，或是采用实物粘贴、拼接，二是借助电脑、摄影摄像、实物影像扫描等设备，凭借图形和图形处理软件来进行构成设计处理。

常用材料与工具简介如下。

1）着色材料：液体着色材料有水粉、水彩色料，国画颜料，油画颜料，丙烯颜料，以及各种染料、彩色墨水、油漆等（图3-1-1）；固体着色材料有彩色笔、油画棒、色粉笔等（图3-1-2）。

2）被着色材料：以纸张为主，包括双面卡纸、铜版纸、色卡纸、水彩纸、宣纸、硫酸纸（图3-1-3）；其他材料有各种布、木板及塑料板等。

3）附着材料与被附着材料：各种图片、实物（如谷物、卵石等）、各种板材等。要注重材料的天然美感。

图3-1-3

图3-1-4

4）工具：主要用于绘图，有直尺、三角板、圆规、鸭嘴笔、针管笔等，可绘制规范几何图形；签字笔、毛笔等，可用来进行徒手绘和勾线（图 3-1-4）。

3.2 综合构成材料体验

在满足构成艺术趣味的原则下，可综合利用各种方法和手段进行构成处理，获得满意的作品。

设备处理与综合处理，适合有一定的设计基础和电脑软件处理能力的学生；手工制作，适合初学的学生，可培养其手绘处理能力和艺术直觉与表现力。

材料的结构设计主要是注重形式的创意，这在平面构成中已说明，即在均衡、重复、渐变、发射、变异、对比、疏密等方面作充分的考虑。另外，要利用材料的可触性，寻求与平面构成不同的新感受。

不同的颜料材料可结合不同的工具与方法绘制或粘在不同的材料上，会产生极为丰富的视觉效果，激发艺术创作欲望，培养技法综合运用能力和艺术审美趣味。

小结：谈到造型的表现，就涉及表现工具的问题。从传统的工具到现代的工具，包罗万象，为我们的造型表现提供了更大的空间。不同工具、不同材料、不同表现手法的学习与掌握，对我们的造型创作有重要的意义。

第2部分　色彩构成

知识目标☞

1．掌握：色彩构成的概念。
2．理解：色彩构成的条件和原理。

能力目标☞

1．能：正确使用色彩构成的方法。
2．会：通过色彩构成的综合表现，正确地向受众传达设计思想。

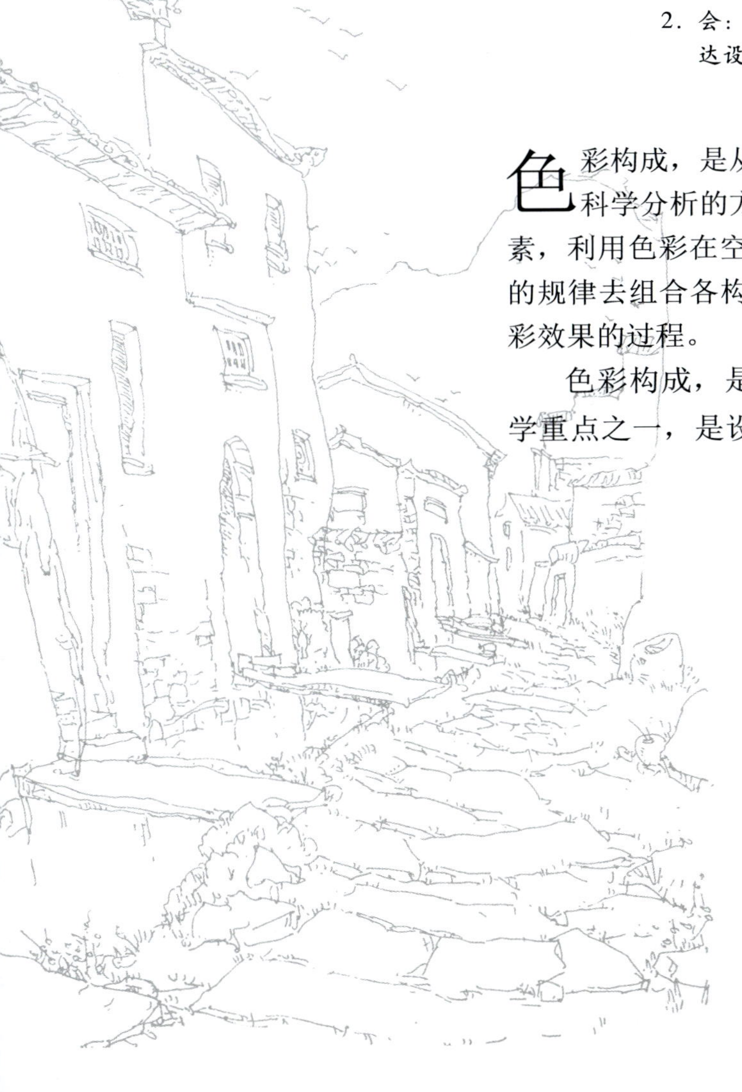

色彩构成，是从人对色彩的知觉和心理效果出发，用科学分析的方法，把复杂的色彩现象还原为基本要素，利用色彩在空间、在量与质上的可变性，按照一定的规律去组合各构成之间的相互关系，再创造出新的色彩效果的过程。

色彩构成，是设计、建筑、绘画等造型艺术的教学重点之一，是设计人员必备的素养和能力。

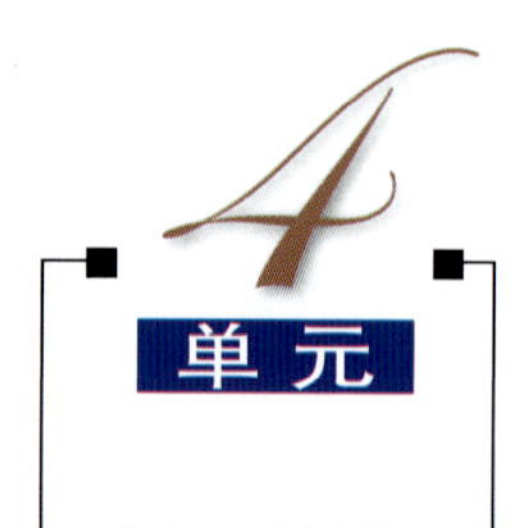

色彩构成与色彩基础

单元概述　本单元主要介绍了色彩构成的基本元素与色彩基础。通过对色彩知识与理论体系的学习和探讨，全面、科学地认识色彩，改变思维方式，丰富自己的色彩表现能力和审美能力。

4.1　色彩构成基本元素

色彩构成是一门比较系统、完整的认识色彩理论、掌握色彩形式的艺术专业设计的专业课程。它是探讨色彩物理、生理和心理特征，通过调整色彩关系（对比、调和、统一等）以获得良好色彩组合的学说，是具有方法论意义的构成体系之一。学习色彩构成还能够丰富设计思维、提高审美的判断能力。色彩构成的学习和掌握直接关系到今后设计作品中色彩修养和创意水平的高低。

在艺术领域，特别是设计艺术领域，我们所说的色彩构成一般只包括对设计和艺术中所需要用到的色彩进行有规律一有想法、有审美的组合和搭配。一切涉及色彩的艺术和设计都需要用到色彩构成，比如绘画、公共艺术、平面设计、环境设计、服饰艺术、包装设计、工业造型、卡通动画、摄影摄像、数码多媒体艺术等。

4.2　色 彩 基 础

4.2.1　色彩

色彩是什么？它是如何被我们感知的？

在我国最早出现“色彩”名词记载的是《尚书》:“彩者，青、黄、赤、白、黑也；色者，言施之于缯帛也。”“五色论”以青、黄、赤为“彩”，黑、白为“色”，合成为“色彩”。

1. 光与色

我们生活在一个多彩的世界里。白天，在阳光的照耀下，各种色彩争奇斗艳，并随着照射光的改变而变化无穷。但是，每当黄昏，大地上的景物，无论多么鲜艳，都将被夜幕缓缓吞没。在漆黑的夜晚，我们不但看不见物体的颜色，甚至连物体的外形也分辨不清。同样，在暗室里，我们什么色彩也感觉不到。这些事实告诉我们：没有光就没有色，光是人们感知色彩的必要条件，色来源于光。所以说：光是色的源泉，色是光的表现。

小林秀雄在《近代绘画》中“评论莫奈”一章中说：“色彩是破碎的光——太阳的光与地球相撞，破碎分散，因而使整个地球形成美丽的色彩……”

根据现代物理学证实，色彩是光刺激眼睛再传到大脑的视觉中枢而产生的一种感觉，人对色彩感觉的完成，首先要有光，要有对象，要有健康的大脑和眼睛，缺一不可，因此为了更好的研究、应用色彩，就需要掌握光到达眼睛的物理学知识，以及光进入眼睛至脑引起感觉作用的生理学知识。

（1）光谱

人们对光的本质的认识，最早可以追溯到17世纪。从牛顿的微粒说到惠更斯的弹性波动说，从麦克斯韦的电磁理论，到爱因斯坦的光量子学说，以至现代的波粒二象性理论，人们对光有了越来越深入的认识。

英国科学家牛顿在1666年发现，把太阳光经过三棱镜折射，然后投射到白色屏幕上，会显出一条像彩虹一样美丽的色光带谱，从红开始，依次接临的是橙、黄、绿、青、蓝、紫七色，如图4-2-1所示。这是因为日光中包含有不同波长的辐射能，在它们分别刺激我们的眼睛时，会产生不同的色光，而它们混合在一起并同时刺激我们的眼睛时，则是白光，我们感觉不出它们各自的颜色。但是，当白光经过三棱镜时，由于不同波长的折

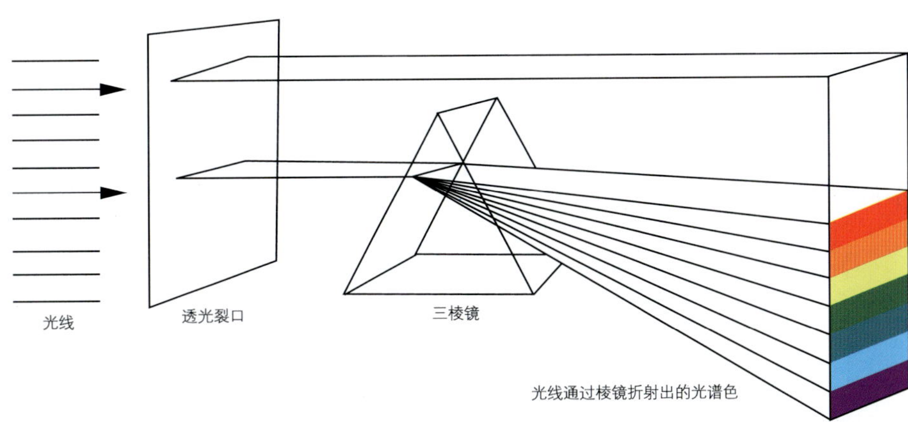

图4-2-1

射系数不同，折射后投影在屏上的位置也不同，所以一束白光通过三棱镜便分解为上述七种不同的颜色，这种现象称为色散。从图中可以看到红色的折射率最小，紫色最大。这条依次排列的彩色光带称为光谱。

用三棱镜分解太阳光形成的光谱，是人眼睛所能看见的范围。光在物理学上是一种电磁波。在电磁波辐射范围内，只有波长 400nm ～ 780nm（$1nm=10^{-9}m$）的辐射才能引起人们的视感觉，这段光波叫做可见光谱。在这段可见光谱内，不同波长的辐射引起人们的不同色彩感觉。

（2）单色光与复色光

这种被分解过的色光，即使再一次通过三棱镜也不会再分解为其他的色光。我们把光谱中不能再分解的色光叫做单色光。由单色光混合而成的光叫做复色光，自然界的太阳光，白炽灯和日光灯发出的光都是复色光。色散所产生的各种色光的波长如表 4-2-1 所示。

表4-2-1 各种色光的波长

光色	波长 λ / nm	代表波长 / nm
红（red）	780 ～ 610	700
橙（orange）	610 ～ 590	610
黄（yellow）	590 ～ 570	580
绿（green）	570 ～ 500	550
蓝（blue）	500 ～ 450	470
紫（violet）	450 ～ 380	420

光的物理性质由它的波长和能量来决定。波长决定了光的颜色，能量决定了光的强度。光映射到我们的眼睛时，波长不同决定了光的色相不同。波长相同能量不同，则决定了色彩明暗的不同。

2. 光源

能自行发光的物体叫做光源。光源的种类繁多，形状千差万别，但大体上可分为自然光源和人造光源。自然光源受自然气候条件的限制，光色瞬息万变，不易稳定，如最大的自然光源太阳。人造光源包括各种电光源和热辐射光源，如电灯等。不同的光源，由于发光物质不同，其光谱能量分布也不相同。

3. 光源色

由各种光源发出的光，其光波的长短、强弱、比例性质不同，形成不同的色光，叫做光源色。例如，普通灯泡的光所含黄色和橙色波长的光多而呈现黄色，普通荧光灯所含蓝色波长的光多则呈蓝色。那么，从光源发出的光，由于其中所含波长的光的比例上有强弱，或者缺少一部分，从而表现成各种各样的色彩。

4. 物体色

自然界的物体五花八门、变化万千，它们本身虽然大都不会发光，但都具有选择性地吸收、反射、透射色光的特性。当然，任何物体对色光不可能全部吸收或反射，因此，实际上不存在绝对的黑色或白色。

常见的黑、白、灰物体色中，白色的反射率是64%～92.3%；灰色的反射率是10%～64%；黑色的吸收率是90%以上。

物体对色光的吸收、反射或透射能力，很受物体表面肌理状态的影响，表面光滑、平整、细腻的物体，对色光的反射较强，如镜子、磨光石面、丝绸织物等。表面粗糙、凹凸、疏松的物体，易使光线产生漫射现象，故对色光的反射较弱，如毛玻璃、呢绒、海绵等。

但是，物体对色光的吸收与反射能力虽是固定不变的，而物体的表面色却会随着光源色的不同而改变，有时甚至失去其原有的色相感觉。所谓的物体“固有色”，实际上不过是常光下人们对此的习惯而已，就是不在闪烁、强烈的各色霓虹灯光下，所有建筑及人物的服色几乎也都因失去了原有本色而显得奇异莫测。

另外，光照的强度及角度对物体色也有影响。

这样我们看到的色，无论是动植物的色、服饰的色还是建筑和器物的色，几乎都是取决于光源光、反射光、透射光的复合色光。把这样的色特别命名为物体色，以与自己发光的光源色相区别。但是物体色不是一成不变的，光源色的改变也会使物体色发生变化。

5. 计算机色彩显示

我们知道物体的色彩是对色光反射的结果，那么，计算机显示器的色彩如何生成的？此处我们以显像管电视机为例说明。彩色显示器产生色彩的方式类似于大自然中的发光体。在显示器内部有一个和电视机一样的显像管，当显像管内的电子枪发射出的电子流打在荧光屏内侧的磷光片上时，磷光片就产生发光效应。三种不同性质的磷光片分别发出红、绿、蓝三种光波，计算机程序量化地控制电子束强度，由此精确控制各个磷光片的光波的波长，再经过合成叠加，就模拟出自然界中的各种色光。

6. 色彩与视知觉

在对色彩的观察中发现，色彩在视觉中的印象常常会发生一些变化，直接影响对色彩的判断。例如，一块白色的石膏体，置于不同的环境色中，会产生不同的色彩感觉。但是，这个石膏体在我们的色彩经验中是白色的，我们会以这种经验来替代视觉判断，并由此产生错视。人对于色彩的视觉印象与知觉判断经常会发生矛盾和冲突。

在一定的条件下，这种经验会影响对于色彩的判断，我们将这种现象称为“色彩的恒常性”。所谓“色彩的恒常性”，是由于视知觉的经验在影响自身对色彩的判断。

视觉的适应性可以分为三种：明适应指眼睛从暗到明的视觉适应过程；暗适应指眼睛从明到暗的视觉适应过程；色适应指眼睛从一种色彩到另一种色彩的适应过程。

7. 物理补色与生理补色

（1）物理补色

把两种颜色按一定比例混合，其结果是无彩色黑灰时，这两种颜色称为互补色。两种色光相混合，其结果是白色光，这两种色光就称为互补色光。以上补色称为物理补色。

物理补色现象，可分为单色光的物理补色，复色光的物理补色以及色料混合的物理补色。

（2）生理补色

当我们把注视的红色突然拿开，开始很短时间内还能感觉有红色痕迹，随即便会出现一个淡蓝绿色的残像，我们把开始感觉到的与原来物体一致的残像叫阳性残像，把后出现的淡蓝绿色的残像叫阴性残像。阴性残像与原色彩的关系即为生理补色。

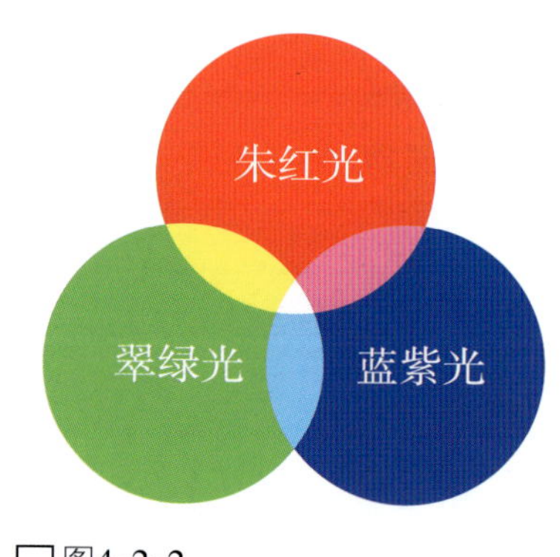

图4-2-2

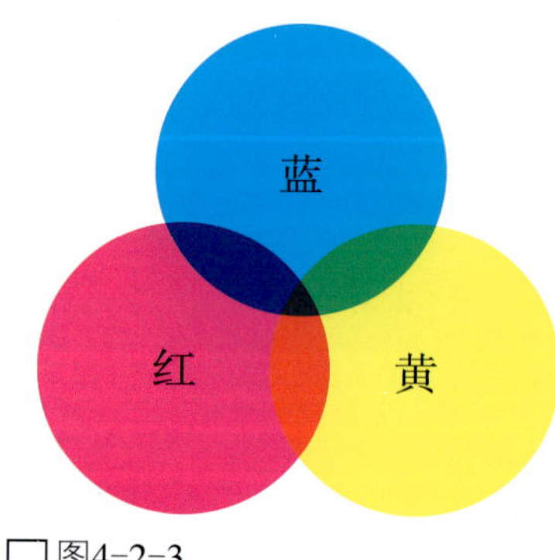

图4-2-3

8. 色彩的混合

（1）原色

1）不能用其他色混合而成的色彩叫原色。用原色却可以混出其他色彩（当然不是全部）。

2）按牛顿分法，可分为七原色：红、橙、黄、绿、青、蓝、紫；按亨贺尔兹分法，可分为五原色：红、黄、绿、蓝、紫；按赫林分法，可分为四原色红、黄、绿、蓝。

3）原色实际上有两个系统：一是站在光学方面立论，即光的三原色；另一个是站在色素或颜料的方面立论，即色料的三原色。光的三原色指朱红光、翠绿光、蓝紫光，如图4-2-2所示；色料的三原色指红（紫味红、品红、大红）、黄（柠檬黄）、蓝（湖蓝 、绿味蓝），如图4-2-3所示。

（2）色彩的混合

1）加法混合。加法混合指的是色光的混合，两种以上的光混合在一起，光亮度会提高，混合色的总亮度等于相混各色光亮度的总和，因此叫加法混合。色光混合中，三原色光是朱红、翠绿、蓝紫这三种色。光不能用其他色光相混而产生。

朱红 + 翠绿 = 黄，翠绿 + 蓝紫 = 蓝，蓝紫 + 朱红 = 红。当三原色光按一定的比例相混时，所得到光是无彩色的白色光。如果只通过两种色光相混就产生白光，那么这两种色光就是互补关系。例如，朱红 + 蓝，翠绿 + 红，蓝紫 + 黄，都是互补关系。

2）减法混合。减法混合指的是颜料、染料的混合，透过重叠的彩色玻璃纸或色玻璃所映现的混合色。减法混合的三原色是加法混合三原色的补色，即红（翠绿的补色）、黄（蓝紫的补色）、蓝（朱红的补色）。这三原色是不能用任何颜色混合出来的。用两种原色混合出来的颜色称为间色，例如，红 + 蓝 = 紫，黄 + 红 = 橙，黄 + 蓝 = 绿。如果两种颜色能混合出黑色或灰色，那么这两种色就是互补色。在减法混合中，混合的色越多，明度越低，纯度也会下降。在印刷中重叠透明的油墨所表现的混色就是减法混合的一种。

3）中性混合。无论是色光的混合还是色料的混合，都是色彩未进入眼睛之前以在视觉外混合好了，再由眼睛看到。这种视觉外的混色为物理的混色。另一种情况是颜色在进入视觉前没有混合，而在一定的条件下通过眼睛的作用将色彩混合起来。这种发生在视觉内的混色为生理混色。由于视觉混色效果在知觉中没有变亮也没有变暗的感觉，它所得到的亮度感觉为相混各色的平均值，因此叫中性混合。

4.2.2　色相环的组成

世界上几乎没有相同的色彩，根据人自身的条件和观看的条件我们可看到 200 万～ 800 万种颜色，这些色彩大致区分的话，可以分为白、灰、黑那样不着彩的色叫无彩色，和红、黄、蓝等那样有彩的色叫有彩色。

1. 色彩的三要素

各种色彩现象都具有色相、明度和纯度三种性质。对色彩三要素的理解和掌握，是学习色彩构成的基础。

（1）色相

色相指色彩的相貌，是区别色彩种类的名称，指不同波长的光给人的不同的色彩感受。红、橙、黄、绿、蓝、紫等每个字都代表一类具体的色相，它们之间的差别属于色相差别。

在应用色彩理论中，通常用色环来表示色彩系列。处于可见光谱的两个极端红色与紫色在色环上联结起来，使色相系列呈循环的秩序。最简单的色环由光谱上的 6 个色相环绕而成。如果在这 6 个色相之间增加一个过渡色相，如在红与橙之间增加了红橙色，红与紫之间增加了紫红色，依此类推，还可以增加黄橙、黄绿、蓝绿、蓝紫各色，构成了 12 色相环。12 色相是很容易分清的色相。如果在 12 色相间再增加一个过渡色相，如在黄绿与黄之间增加一个绿味黄在黄绿与绿之间增加一个黄味绿，以此类推，就会组成一个 24 色的色相环。图 4-2-4 的 24 色相环更加微妙柔和。色相涉及的是色彩“质”方面的特征。

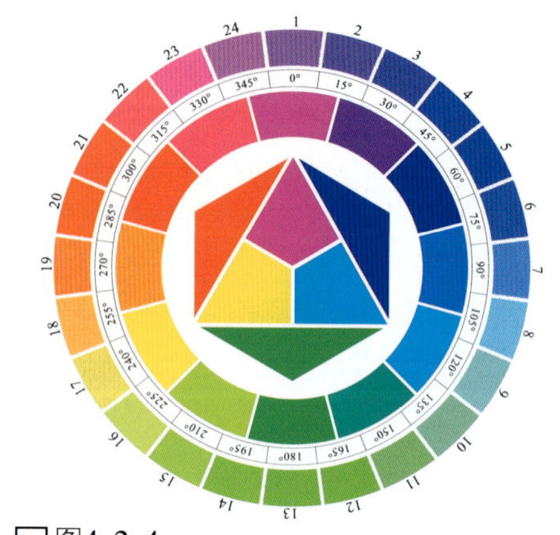

图4-2-4

（2）明度

明度指色彩的明暗程度，任何色彩都有自己的明暗特征。从光谱上可以看到最明亮的颜色是黄色，处于光谱的中心位置。最暗的是紫色，处于光谱的边缘。一个物体表面的光反射率越大，对视觉的刺激的程度越大，看上去就越亮，这一颜色的明度就越高，因此，明度表示颜色的明暗特征。明度可以说是色彩的骨架，对色彩的结构起着关键性的作用。明度在色彩三要素中可以不依赖于其他性质而单独存在，任何色彩都可以还原成明度关系来考虑，例如黑白摄影(图 4-2-5)及素描都体现的是明度关系，明度适于表现物体的立体感和空间感。黑白之间可以形成许多明度台阶，人的最大明度层次辨别能力可达 200 级台阶左右，普通使用的明度标准大都为 9 级台阶左右。

图4-2-5

（3）纯度

纯度指色彩的鲜艳度。从科学的角度看，一种颜色的鲜艳度取决于这一色相发射光的单一程度。人眼能辨别的有单色光特征的色，都具有一定的鲜艳度。不同的色相不仅明度不同，纯度也不相同（图 4-2-6）。例如，颜料中的红色是纯度最高的色相，橙、黄、紫等色在颜料中纯度也较高，蓝绿色在颜料中是纯度最低的色相。在日常的视觉范围内，眼睛看到的色彩绝大多数是含灰度的色，也就是不饱和色。有了纯度的变化，才使世界上有如此丰富的色彩。

同一色相即使纯度发生了细微的变化，也会带来色彩性格的变化。

图4-2-6

2. 色立体

由于工业的发展，在印染、涂料、装饰材料、印刷等许多门类的工业中都需要更多种类的颜色。面对如此发展的色彩需求，必须有一个系统的科学的色彩表示方法，以求实现对色彩便利的选择和正确的应用；其中有适用于艺术家与设计师使用的通过用三维空间来表示明度、色相与纯度的色立体。色立体的科学性在于它所标示的颜色，是以精密的测色仪所测定的标准色样，可供印刷、印染、造纸、美术设计等各行业为配色的参照。色立体的用途不仅限于配色方面，对于艺术工作者来说色立体所显示出的色彩体系结构，有助于对色彩进行完整的逻辑分析。为方便艺术家、设计师、印刷技术人员使用，色立体后又发展为色立体图册。

色立体是依据色彩的色相、明度、纯度变化关系，借助三维空间，用旋围直角坐标的方法，组成一个类似球体的立体模型。它的结构类似地球仪的形状，北极为白色，南极为黑色，连接南北两极贯穿中心的轴为明度标轴，北半球是明色系，南北半球是深色系。色相环的位置则赤道线上，球面一点到中心轴的垂直线，表示纯度系列标准，越近中心，纯度越低，球中心为正灰。

色立体有多种，主要有孟赛尔色立体和奥斯特瓦尔德色立体等。以下主要介绍一下孟赛尔色立体。

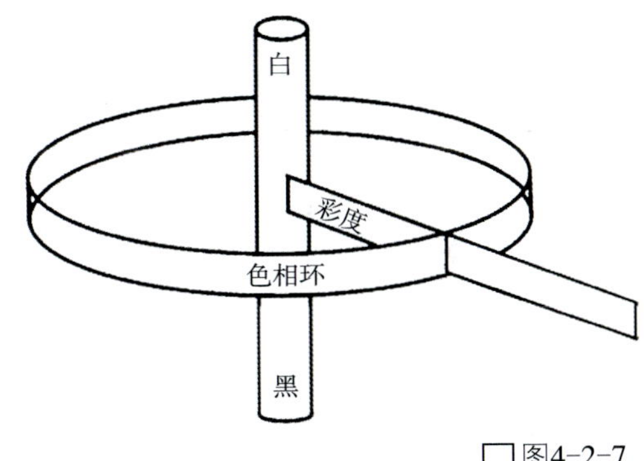

图4-2-7

孟赛尔所创建的颜色系统是用颜色立体模型表示颜色的方法。它是一个三维类似球体的空间模型，把物体各种表面色的三种基本属性色相、明度、饱和度全部表示出来，如图 4-2-7 所示。它以颜色的视觉特性来制定颜色分类和标定系统，以按目视色彩感觉等间隔的方式，把各种表面色的特征表示出来。目前国际上已广泛采用孟赛尔颜色系统作为分类和标定表面色的方法。

孟赛尔颜色立体如图 4-2-8 所示，中央轴代表无彩色黑白系列中性色的明度等级，黑色在底部，白色在顶部，称为孟赛尔明度值。它将理想白色定为 10，将理想黑色定为 0。孟赛尔明度值由 0 ～ 10 表示，共分为 11 个在视觉上等距离的等级。

图4-2-8

在孟赛尔系统中，颜色样品离开中央轴的

水平距离代表饱和度的变化，称之为孟赛尔彩度。彩度也是分成许多视觉上相等的等级。中央轴上的中性色彩度为0，离开中央轴愈远，彩度数值愈大。该系统通常以每两个彩度等级为间隔制作颜色样品。各种颜色的最大彩度是不相同的，个别颜色彩度可达到20。

3. 色彩三要素图例表现

色彩三要素（色相、明度、纯度）图例表现参见图4-2-9。

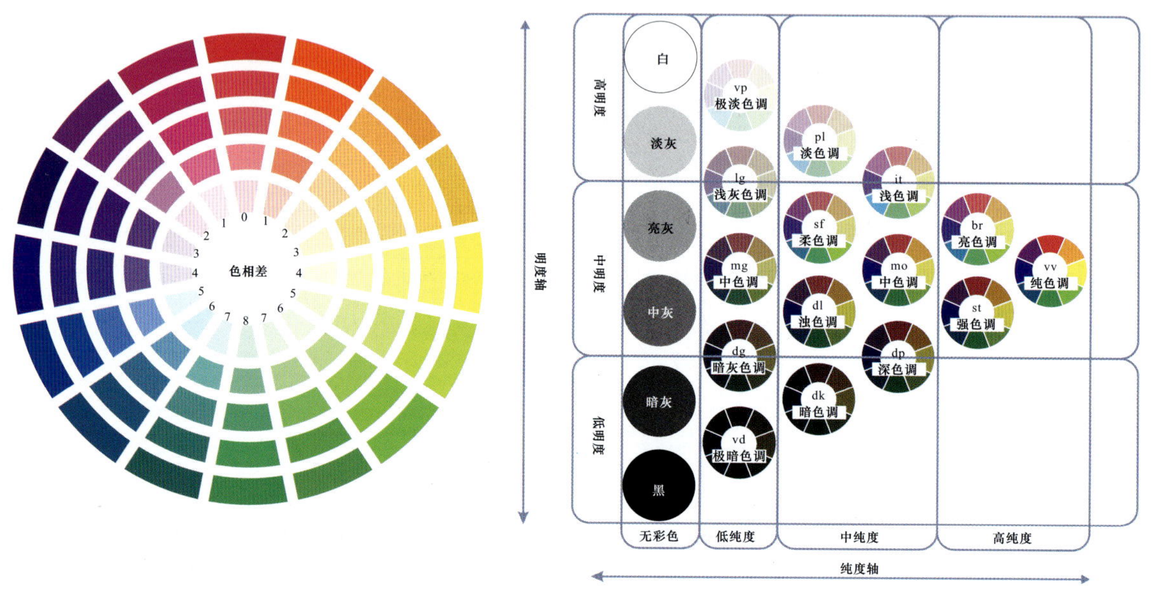

图4-2-9

特别提示

光是色彩的非物质形式，光是电磁波的一部分，它具有波长和振幅两个特性。

光的另一种物理性质是振幅。振幅是由于光的电磁辐射方式呈波浪形态，波峰与波谷之间的垂直距离就是振幅。振幅的变化会引起色彩在明暗上的差别，振幅越大，光量就强，振幅小的，光量就小。可见，色彩的明度也是与光的物理性能直接相关的。

小结：在通过讲解有了对色彩了解之后，再进一步认识黑、白、灰无彩色对各色相间的影响的重要性，这是我们进一步把握颜色变化的关键所在。作为色彩构成的训练，从色彩的形成和知觉原理入手是非常必要的，并力图从美学的角度去学习研究一定的色彩搭配法则，找到适合目的的理想色彩组合。

实践训练 8 绘制色相环、色相序列

训练目的 掌握色彩的明暗度与光的关系。

训练器材 白、黑色卡纸或特殊材质，墨水，水粉笔或毛笔，水粉颜料，水，圆规，鸭嘴笔，直尺，三角板，模板，铅笔，橡皮，针管笔。

训练要求 以品红（大红）、柠檬黄、湖蓝为三原色制作24色相环。要求色相差均匀。

训练步骤 1．裁好尺寸合适的卡纸。

2．用圆规、铅笔和橡皮绘制已经设计好的图形。

3．用水粉颜料涂色。

训练任务 运用色彩的色相、明度与纯度的等级关系推移色彩，使形态、图形与色彩配合默契，也使色彩的语言更清晰。骨格自定。

学生作业选登

训练作业 8-1

训练作业 8-2

训练作业 8-3

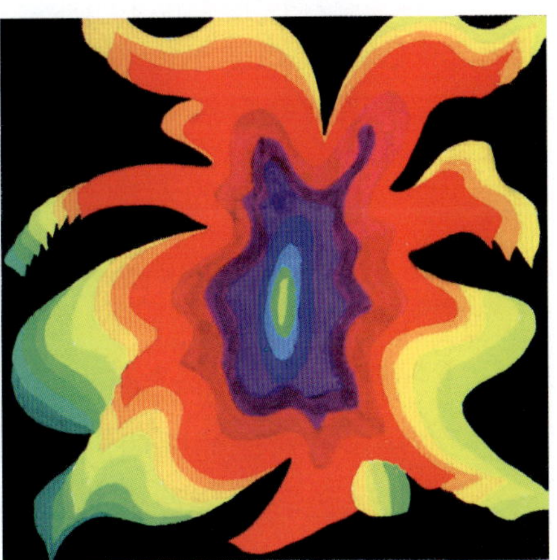

训练作业 8-4

色彩的对比与色彩的调和

单元概述 本单元主要介绍色彩的对比与调和。通过应用对比配色原则和调和原则，理解如何实现色彩的和谐，熟悉色彩的对比类型和调和方法，并能熟练地运用对比与调和原则组织、构成符合目的性的美的色彩关系，培养与提高配色能力和视觉感染力。

5.1 色彩的对比

5.1.1 色彩的三要素对比形式

1. 色彩的组合

一种色彩很少是独立使用的，当一种色彩与另一种色彩组合在一起时，它的含义或者视觉通常会发生变化。例如，粉红色与红色在一起，会加强色彩的情感，使色彩与爱情自然地连接在一起；黑色与红色在一起，会有一种神秘与暴力的感觉，这使色彩的组合具有一种特别的意义。

色彩关系的和谐既可以通过相似色配色的原则，也可以运用对比色配色的原则。相似和谐可以运用同色相搭配，由于来自同一色相，色调上就自然一致，只是在明度和纯度上加以区别开来。

2. 色彩的对比

色彩对比指两个以上的色彩，以空间或时间关系相比较，能比较出明确的差别时，它们的相互关系就称为色彩的对比关系，即色彩的对比。对比最大特征就是产生比较作用，甚至发生错觉。色彩间差别的大小，决定着对比的强弱，如图 5-1-1 所示，所以说差别是对比的关键。

色彩对比分为：明度对比、纯度对比、色相对比、冷暖对比、同时对比、连续对比、色彩的面积对比。每一组对比都不是纯粹的对比，因为一种对比可能有着另一类对比的性质，如色相对比中难免有着明度对比或纯度对比的性质。

（1）同时对比

当两种或两种以上颜色同时并放在一起，双方都会把对方推向自己的补色。例如：红和绿放在一起，红的更红，绿的更绿，如图 5-1-2 所示；黑和白放在一起，黑的更黑，白的更白，如图 5-1-3 所示，这种现象属于色彩的同时对比。色相对比、纯度对比、明度对比都属于同时对比整体中的各个部分。

图5-1-1

（2）连续对比

连续对比现象与同时对比现象都是视觉生理条件的作用所造成的，它们出于一个原因，但发生的时间条件不同。同时对比主要指的是同一时间下颜色的对比效果，连续对比指的是不同时间的条件下，或者说在时间运动的过程中，不同颜色刺激之间的对比。例如，当我们长久地注视一块红颜色之后，然后去看别的地方，看到周围的东西发绿；当我们在暖色光的环境适应后，突然来到正常光线下，会觉得颜色发冷。这种视觉残像属于色彩的连续对比现象。掌握色彩的连续对比的规律，可以使设计师利用它加强视觉传达的印象或用于减轻紧张工作造成的视觉疲劳。

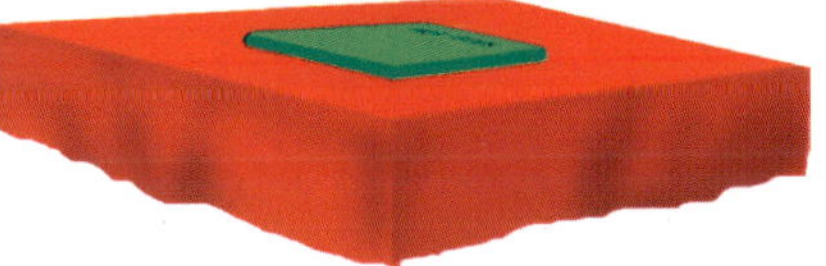

图5-1-2

图5-1-3

3. 以对比为主的色彩构成法

（1）明度对比的基本类型

两种以上色相组合，由于明度不同而形成的色彩对比效果称为明度对比。它是色彩对比的一个重要方面，是决定色彩方案感觉能否达到明快、清晰、沉闷、柔和、强烈、朦胧等效果的关键。

明度对比与其他两种要素的对比一样，大体上划分为三种对比关系。与孟赛尔色立体的明度色阶表作为划分等级的参照标准，该表从黑至白共有 11 个等级（图 5-1-4）：凡颜色明度差在 3 个级数之内的为明度弱对比；在 3 ～ 5 个级数差之内的为明度中间对比；在 5 度以上的，为明度强对比。

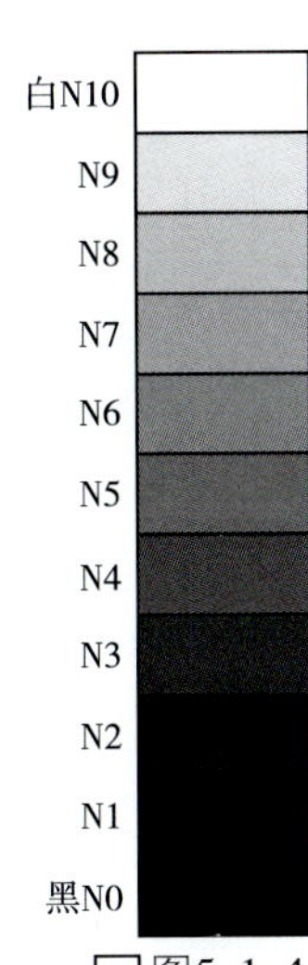

图5-1-4

色彩的认识度主要取决于形状与周围色彩的关系，特别是它们之间的明度对比关系。明度对比强，色彩的认识度就高，图形也就越清楚。

色彩的认识度向我们提供了一个有基本意义的规律：在色彩构图中，突出形态主要靠明度对比。因此要想使一个色彩的形态产生有力的影响，必须使它和周围的色彩有强列的明度差。反过来说，要想削弱一个形态

图5-1-5

的影响，就应该缩小它和背景的明度差。这些例子都说明了明度对比对视觉形态构成效果的重要作用。

为了掌握色彩的认识度，需要有辨别色彩明度的能力。识别有彩色的明度比识别无彩色的明度的黑白灰层次困难的多。通过对色彩认识度的分析，我们发现，人的视觉对于明暗对比是极其敏感的，当画面出现强度对比时，引人注目的明暗对比会分散视觉对其他色彩效果的注意力，等于减弱了色彩其他性质的力量（图5-1-5）。正是这个原因，使得一切色彩效果都与控制色彩的明度有关。

明度对颜色的同时对比也有着影响，当我们需要强调颜色的同时对比时，应尽量抑制明度的对比，当想减弱颜色的同时对比时，应加大明度的对比。在色彩的空间混合中，色点在保持一定的面积的情况下，弱对比会使色点形状模糊起来，易于发生色的视觉混合，色相对比强烈，而明度接近，整体的效果也会融为一体，反之，形状部分就会突出。

如果我们从明度、冷暖性质对色彩的空间效果进行分析会发现：明度高、暖和的颜色向前迫近；明度低、寒冷的颜色向后退。明度的对比和冷暖的对比会产生色彩的空间效果。

明度对比的强弱程度取决于色彩在明度等差色级数，通常把1～3划为低明度区，7～9划为高明度区，4～6划为中明度区。在选择色彩进行组合时，当基调色与对比色间隔距离在5级以上时，称为长（强）对比，3～5级时称为中对比，1～2级时称为短（弱）对比。据此可划分为九种明度对比基本类型（图5-1-6）。

图5-1-6

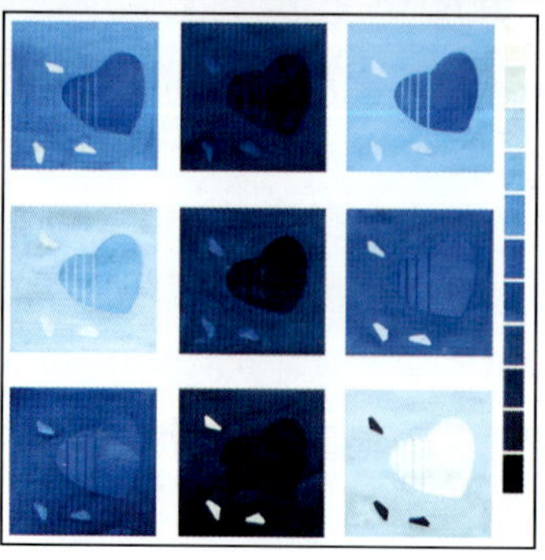

1）高长调：如9∶8∶1等。其中，9为浅基调色，面积应大；8为浅配合色，面积也较大；1为深对比色，面积应小。该调明暗反差大，令人感觉刺激、明快、积极、活泼、强烈。

2）高中调：如9∶8∶5等。该调明暗反差适中，令人感觉明亮、愉快、清晰、鲜明、安定。

3）高短调：如9∶8∶7等。该调明暗反差微弱，令人感觉优雅、少淡、柔和、高贵、软弱、朦胧、女性化。

4）中长调：如4∶5∶9或6∶5∶1等。该调以中明度色作基调、配合色，用浅色或深色进行对比，令人感觉强硬、稳重中显生动、男性化。

5）中中调：如4∶6 ∶8或5∶6∶2等。该调为中对比，令人感觉较丰富。

6）中短调：如4∶5∶6等。该调为中明度弱对比，令人感觉含蓄、平板、模糊。

7）低长调：如1∶3∶9等。该调深暗而对比强烈，令人感觉雄伟、深沉、警惕、有爆发力。

8）低中调：如1∶3∶6等。该调深暗而对比适中，令人感觉保守、厚重、朴实、男性化。

9）低短调：如1∶2∶3等。该调深暗而对比微弱，令人感觉沉闷、忧郁、神秘、孤寂、恐怖。

10）还有一种最强对比的1∶9最长调，令人感觉强烈、单纯、生硬、锐利、眩目等。

（2）色相对比的基本类型

两种以上色彩组合后，由于色相差别而形成的色彩对比效果称为色相对比。它是色彩对比的一个根本方面，其对比强弱程度取决于色相之间在色相环上的距离（角度），距离（角度）越小对比越弱，反之则对比越强。

色相对比中包括以下几个方面。

1）同一色相对比：在色环上顺序相邻的基础色相（图5-1-7）如红与橙、黄与绿、橙与黄这样的色并置的关系称邻近色相对比，属于色相最弱对比范畴。它最大的特征是其明显的统一调性，在统一中不失对比的变化，如图5-1-8所示。

2）类似色相对比：是弱的色相对比效果（图5-1-9）。常用于突出某一色相的色调，注重色相的微妙变化，如图5-1-10所示。

3）对比色相对比：这种对比比类似色相对比鲜明、明确、饱满、丰富、强烈（图5-1-11），对比效果使人兴奋、激动，不易单调，如图5-1-12所示，但处理不好容易使视觉形象显得杂乱。

4）互补色相对比：在色环直径两端的色为补色。确定两种颜色是否为互补关系（图5-1-13）最好的方法是将它们相混，看是否能产生中性灰色，如达不到就要对色相成分进行调整才能找到准确的补色。一对补色并置在一起，可以使对方的色彩更鲜明。

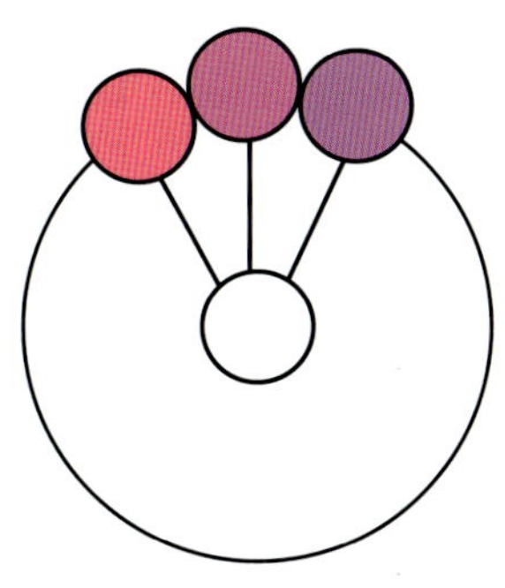

图5-1-7

图5-1-8

图5-1-9

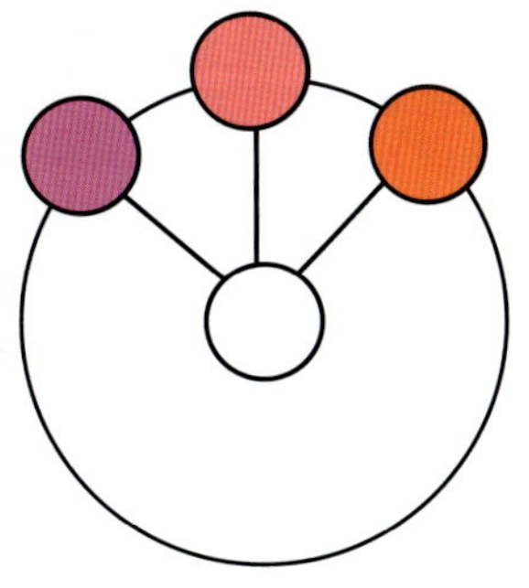

图5-1-10

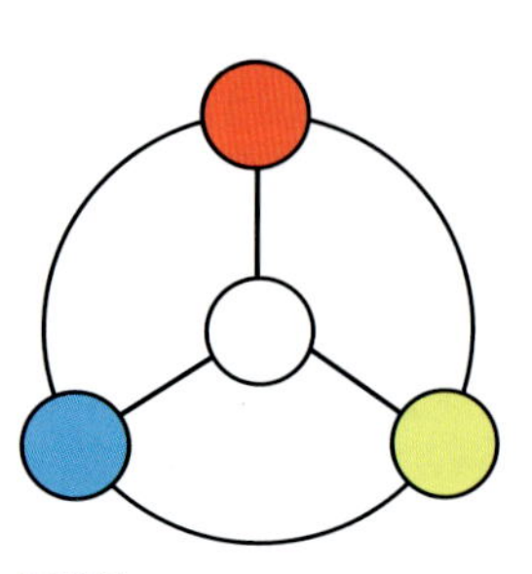
图5-1-11

图5-1-12

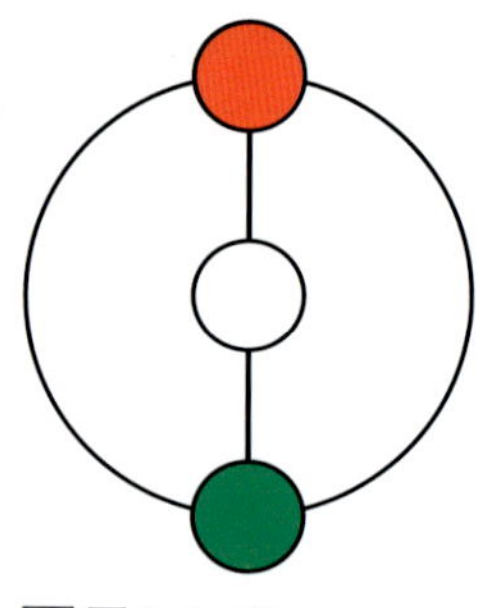
图5-1-13

图5-1-14

最典型的补色对是红和绿、黄和紫、蓝与橙。黄紫色对，由于明暗对比强烈，色彩个性悬殊，是补色中最突出的一对；蓝橙色对，明暗对比居中，冷暖对比最强活跃而生动；红绿色对（图5-1-14），明度接近，冷暖对比居中，因而相互强调的作用非常明显。补色对比的对立性促使对立双方的色相更加鲜明。

以色相对比为主构成的色调，分为：高、中、低纯度类似色相构成；高、中、低纯度对比色相构成；高、中、低纯度互补色相构成。总之，色相之间的明度、纯度可以自由灵活地选择。只是色相之间的关系必须是类似、对比、互补关系。据以上条件可划分为九种色相对比类型（图5-1-15）。

（3）纯度对比的基本类型

所谓“纯度对比”，既可以是色立体上每一种色相的彩度等级对比，也可以是对色彩中纯色与含有黑白灰的色彩的对比。当然，实际上还应该包括各种含有黑白灰色的色彩的对比。

图5-1-15

两种以上色彩组合后，由于纯度不同而形成的色彩对比效果称之为纯度对比。它是色彩对比的另一个重要方面，但因其较为隐蔽、内在，故而易被忽视。在色彩设计中，纯度对比是决定色调感觉华丽、高雅、古朴、粗俗、含蓄与否的关键。

其对比强弱程度取决于色彩在纯度等差色标上的距离，距离越长对比越强，反之则对比越弱。如按孟塞尔色立体的规定：红的最高纯度为14，而蓝绿的最高纯度为6，所以很难规定一个统一标准。为了说明问题，现将各色相的纯度统分为12个阶段，如图5-1-16所示。

如将灰色至纯鲜色分成12个等

低纯度					中纯度				高纯度			
0	1	2	3	4	5	6	7	8	9	10	11	12

□图5-1-16

差级数，通常把 0 ～ 4 划为低纯度区，9 ～ 12 划为高纯度区，5 ～ 8 划为中纯度区。在选择色彩组合时，当基调色与对比色间隔距离在 8 级以上时，称为强对比，5 ～ 8 级时称为中对比，4 级以下时称为弱对比。

据此可划分出九种纯度对比基本类型（图 5-1-17）。

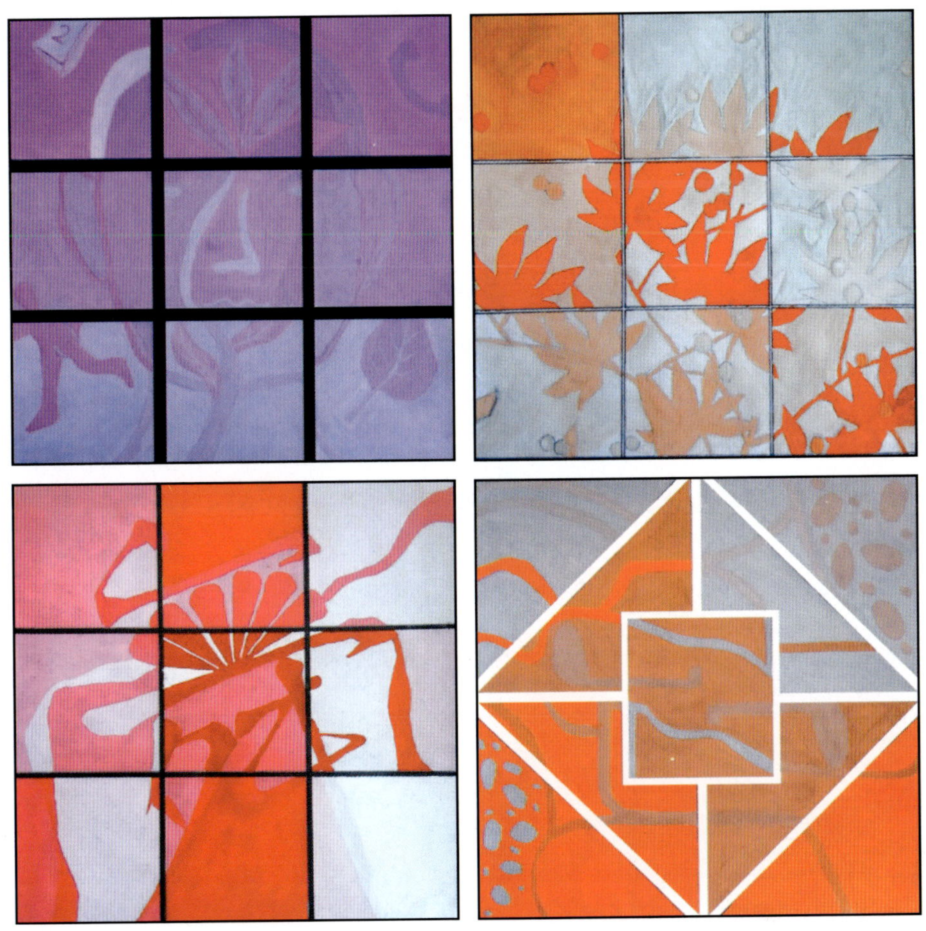

□图5-1-17

特别提示

多种色彩组合后，由于色相、明度、纯度等不同差别，所产生的总体效果称为综合对比。这种多属性、多差别对比的效果，显然要比单项对比丰富、复杂得多。事实上，色彩单项对比的情况很难成立，它们不过是色彩对比中一个侧面，因此，在创作和设计实践中都较少应用。设计师在进行多种色彩综合对比时要强调、突出色调的倾向，或以色相为主，或以明度为主，或以纯度为主，使某一主面处于主要地位，强调对比的某一侧面。

1）鲜强调，如 12∶10∶1 等，会产生鲜艳、生动、活泼、华丽、强烈的效果。

2）鲜中调，如 12∶10∶6 等，会产生刺激、较生动的效果。

3）鲜弱调，如 12∶10∶9 等于色彩纯度都高，组合对比后互相起着抵制、碰撞的作用，故会产生刺目、俗气、幼稚、原始、火爆的效果。如果彼此距离增大，这种效果将更为明显、强烈。

4）中中调，如 5∶6∶12 等，会产生适当、大众化的效果。

5）中中调，如 7∶8∶1 等，会产生温和、静态、舒适的效果。

6）中弱调，如 5∶6∶7 或 8∶7∶6 等，会产生平板、含混、单调的效果。

7）灰强调，如 1∶3∶12 等，会产生大方、高雅而又活泼的效果。

8）灰中调，如 1∶3∶7 等，会产生相互、沉静、较大方的效果。

9）灰弱调，如 1∶3∶4 等，会产生雅致、细腻、耐看、含蓄、朦胧、较弱的效果。

另外，还有一种最弱的无彩色对比，如白与黑对比、深灰与浅灰对比等，由于对比各色纯度均为零，故令人感觉大方、庄重、高雅和朴素。

4. 色彩三要素的对比应用实例

色彩三要素的对比应用实例可参考图 5-1-18 和图 5-1-19。

小结：对比的最大特征就是产生比较作用，甚至发生错觉。色彩间差别的大小，决定着对比的强弱，所以说差别是对比的关键。

图5-1-18

图5-1-19

实践训练9 绘制色彩三要素的对比

训练目的 掌握色彩三要素的关系，合理运用三要素的对比形式。

训练器材 白、黑色卡纸或特殊材质，墨水，水粉笔或毛笔，水粉颜料，水，圆规，鸭嘴笔，直尺，三角板，模板，铅笔，橡皮，针管笔。

训练要求 以色彩三要素中的色相、明度、纯度进行对比练习。要求色彩均匀，画面整洁，内容清晰。

训练步骤 1. 裁好尺寸合适的纸张。

2. 用圆规、铅笔和橡皮绘制已经设计好的图形。

3. 用水粉颜料涂色。

训练任务 1. 运用色彩的色相、明度与纯度的等级关系推移色彩，使形态、图形与色彩恰当配合，也使色彩的语言更清晰。

2. 运用色彩的色相、明度与纯度的对比关系进行各要素的对比练习，使图形与色彩恰当配合，也使色彩对比的语言更明确。

学生作业选登

训练作业 9-1

训练作业 9-2

训练作业 9-3

训练作业 9-4

学生作业选登

训练作业 9-5

训练作业 9-6

5.1.2　色彩的其他对比形式

色彩还有其他一些对比形式，如冷暖对比和面积对比。

1. 冷暖对比

因色彩感觉的冷暖差别而形成的对比称为冷暖对比。色相环上的色相大体可以分为两部分：一部分称之为暖色，如紫红、红、橙、黄、黄绿；一部分称之为冷色，如绿、蓝绿、蓝、紫。

图5-1-20

图5-1-21

红、橙、黄等颜色使人想到阳光、烈火，故称“暖色”，如图 5-1-20 所示。燃烧的深林，如果你没看到图，听到火，肯定会想到是红色，灼热的感觉。

绿、青、蓝等颜色与黑夜、寒冷相联，称为“冷色”，如图 5-1-21 所示，夜晚被灯光照亮的豪华别墅，让人感觉冷冷的。

红色给人积极、跃动、温暖的感觉。蓝色给人低静、消极的感觉。

绿与紫是中性色彩刺激小，效果介于红与蓝之间。中性色彩使人产生休憩、轻松的情绪，可以避免产生疲劳感。

人对色彩的冷暖感觉基本取决于色调。色系一般分为暖色系、冷色系、中性色系三类。色彩的冷暖效果还需要考虑其他因素。例如，暖色系色彩的饱和度愈高，其温暖的特性愈明显；而冷色系色彩的亮度愈高，其特性愈明显。

在色彩冷暖对比中，首先找出最暖色——橙，定为暖极；再找出最冷色——蓝，定为冷极。橙与蓝正好为一组互补色，即色相对比中的补色对比。冷暖对比实为色相对比的又一种表现形式。

根据孟塞尔色相环的十个主要色相由暖极橙到冷极蓝划分出六个冷暖区，如图 5-1-22 所示。

冷暖对比关系：

1）冷暖的极色对比即冷暖的最强对比。

2）冷极与暖色的对比、暖极与冷色的对比为冷暖的强对比。

3）暖极色、暖色与中性微冷色，冷极色、冷色与中性微暖色的对比为中等对比。

4）暖极与暖色、冷极与冷色、暖色与中性微暖色、冷色与中性微冷色、中性微冷色与中性微暖色的对比为冷暖的弱对比。

以冷色为主可构成冷色基调，以暖色为主可构成暖色基调，这是根据最纯色相划分的冷暖对比情况，如图 5-1-23 所示。同样色彩的冷暖对比还受明度及纯度的影响。

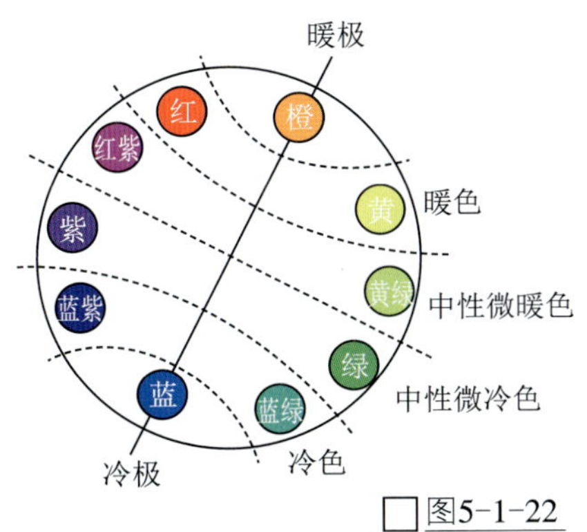

图5-1-22

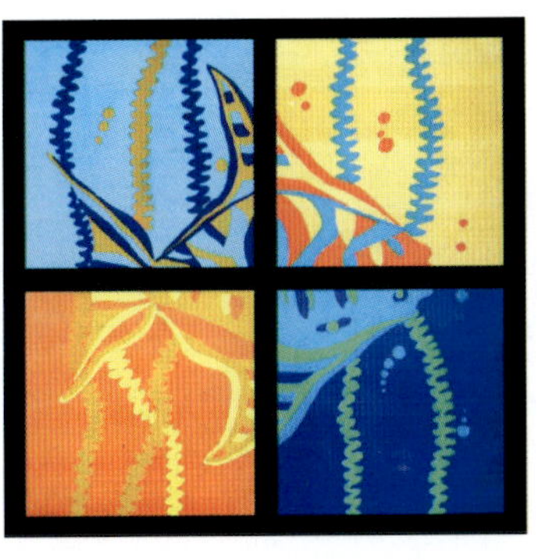

图5-1-23

2. 面积对比

面积对比是指各种色彩在画面构图中所占面积比例多少而引起的色相、明度、纯度对比。

大面积的色容易形成调子，小面积的色易突出。

色彩构成中，色彩面积的大小，直接关系到色彩意向的传达。例如红色，当它的用色面积只占画面的 20% 时，在作品中起到了点缀作用(图 5-1-24)；如果用色面积占到 90% 时，那给人的感觉大不相同（图 5-1-25）。

这里用色面积大的颜色就是所说的主色调（图 5-1-26）。在一个作品中所用的色调不变，只改变各种色调所占的比例，

图5-1-24

将会得到意想不到的色彩效果。从以上的理论中我们可以总结出色彩的使用技法——变换色调。这种方法很简单，大家可以自己试试，变换作品中面积不同的色调，会得到另一种风格的作品。

图5-1-25

图5-1-26

3. 冷暖、面积对比的实例应用

冷暖、面积对比的实例应用可参考图 5-1-27 ～图 5-1-29。

图5-1-27

图5-1-28

图5-1-29

特别提示

在色彩的冷暖定性上，是要根据色彩之间的互相关系才能科学地判断。也就是说，既要看周围色彩的冷暖，也要看总的冷暖面积比，还要看明度和纯度的影响。

小结：不管是冷暖对比，还是面积对比，当这种对比对视觉能产生一定的冲击力的时候，两种颜色的差异肯定不会很小，它会带给你一种色彩的震撼。这就是色彩对比所带来的魅力。

实践训练 10 绘制冷暖、面积对比

训练目的 掌握色彩的三要素与各对比之间的联系。

训练器材 白、黑色卡纸或特殊材质，墨水，水粉笔或毛笔，水粉颜料，水，圆规，鸭嘴笔，直尺，三角板，模板，铅笔，橡皮，针管笔。

训练要求 以色彩冷暖、面积进行对比练习。要求上色均匀，画面整洁，内容清晰。

训练步骤
1. 裁好尺寸合适的卡纸。
2. 用圆规、铅笔和橡皮绘制已经设计好的图形。
3. 用水粉颜料涂色。

训练任务
1. 以冷暖对比为主构成的几种色调进行冷暖对比练习。
2. 以面积对比为主构成的色调进行面积对比练习。

学生作业选登

训练作业 10-1

训练作业 10-2

训练作业 10-3

训练作业 10-4

学生作业选登

训练作业 10-5

训练作业 10-6

5.2　色彩的调和与表现形式

色彩调和指将两个或两个以上的色彩，有秩序、协调和谐地组织在一起，能使心情愉快、喜欢、满足等的色彩搭配。

色彩调和的意义在于使有明显差别的色彩构成和谐而统一的整体。

5.2.1　同一调和

当两个或两个以上的色彩因差别大而非常刺激，不调和的时候，增加各色的同一因素，使强烈刺激的各色逐渐缓和，增加同一因素越多，调和越强，这种色彩调和的方法，即同一调和。同一调和主要包括：同色相调和、同明度调和、同纯度调和非彩色调和。常用的调和方法如下。

1）混入白色调和：在强烈刺激的色彩双方，或多方混入白色（包括色相、明度、纯度过分刺激），使之明度提高，纯度降低，刺激力减弱。

2）混入黑色调和：在尖锐刺激的色彩双方或多方混入黑色，使双方过多方的明度、纯度降低，对比减弱。

3）混入同一灰色调和：在尖锐刺激的色彩双方或多方，混入同一灰色，实则为在对比色的双方或多方同时混入白色和黑色，使双方或多方的明度向该灰色靠拢，纯度降低，色相感削弱。

4）混入同一原色调和：在尖锐刺激的色彩双方或多方，混入同一原色，（红、黄、蓝任选其一），使双方或多方的色相向混入的原色靠拢。

5）混入同一间色调和：混入同一间色调和，实则是在强烈刺激色的双方或多方混入两原色，在增强对比双方或多方的调和感。

6）互混调和（防止过灰过脏）：在强烈刺激的色彩双方，使一色混入其中的另一色，使一方向对方的色相靠拢，降低纯度，削弱对比。

7）点缀同一色调和：所谓点缀，即在画面所占的面积小而分散的色彩。

8）连贯同一色调和：当对比的各个色彩过分的强烈刺激，显得十分不调和，或色彩过分的含混不清时，为了使画面达到统一调和的色彩效果，用黑、白、灰、金、银或同一色线加以勾勒，使之既相互连贯又相互隔离而达到统一。

同一调和的方法很多，在色彩调和中，只要能增加色彩之间的同一因素，都可以使不调和的色彩变为调和优美统一的色。

5.2.2　类似调和

类似调和，即注重色彩要素的一致性，在色彩的明度、色相、纯度上追求相同元素的近似。要求某种元素完全相同，在其他元素上求变化，这是同一调和。如同一色相调和，色相不变，仅变化明度和纯度；或者明度和纯度都不变，只变色相。在色相、明度、纯度中，某种元素近似，变化其他元素求调和，就是类似调和。

5.2.3　互补色调和

互补色调和是色相中最强的对比，具有眩目、紧张之感，可采用多种调和方法。应用得当，才能取得和谐而统一的效果。

图5-2-1

1. 互补色的同一调和构成

任选一对互补色（图5-2-1），在其中调入同一色相的调和方法，称为互补色的同一调和构成，即运用混白调和、混黑调和、混同一灰色调和、混同一原色调和、混同一间色调和、互补色互混调和、连贯同一色调和等。这种调和方式，实是将互补色的明度或者是纯度降低了，促使强烈刺激的互补色获得平稳的效果。

图5-2-2

2. 互补色互混的秩序调和构成

任选一对互补色，相互混合或者分别与同一灰色相混合，使之形成渐变推移或者是有节奏韵律的秩序（图5-2-2）。两互补色之间的秩序越多调和感越强；同理，两互补色之间的秩序越少调和感就比较弱。

3. 互补色的面积调和构成

可以任选一对互补色，使其中一色的面积占绝对优势（图 5-2-3），也就是说让其中一色在画面中占大部分面积，形成统治与被统治的关系，如红与绿、黄与紫。

也可以任选一对高纯度的互补色，根据视觉平衡所需要的面积比例构成新的形象，例如，将高纯度的蓝色与橙色的面积比例为 1/3 面积的蓝色与 2/3 面积的橙等。这种效果既对比强烈又调和，在视觉中也能取得平衡，如图 5-2-4 所示。

4. 互补色的分割调和

任选一对面积相等的互补色，使之相互分割、穿插，如图 5-2-5 所示，让其面积变小以增强调和感，面积分割的越小，对比就越丰富，调和感就越强。

图5-2-3

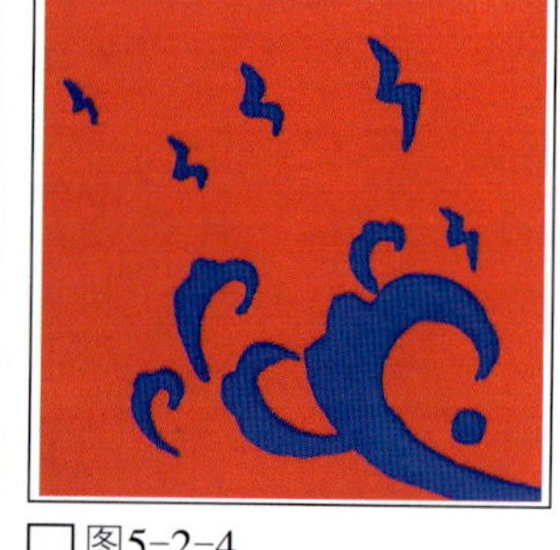
图5-2-4

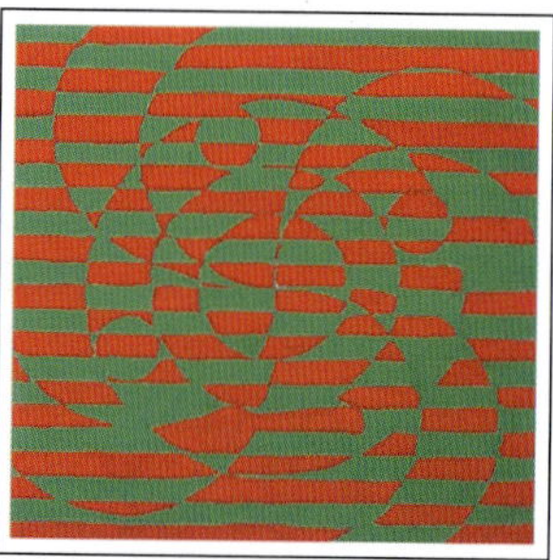
图5-2-5

5.2.4 互补色调和实例应用

互补色调和实例应用可参考图 5-2-6 ～图 5-2-8。

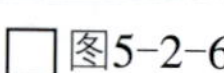
图5-2-6

图5-2-7

图5-2-8

特别提示

色彩的美感能提供给人精神方面的享受，人们一般会按照自己的偏好与习惯选择乐于接受的色彩。以满足各方面的需求。从狭义的色彩调和标准而言，色彩构成要求设计者提供不带尖锐刺激感的色彩组合群体，但这种含义仅提供视觉舒适的一方面。因为过分调和的色彩组配，效果反而会显得模糊、平板、乏味、单调，视觉可辨度差，容易使人产生厌烦、疲劳的不适应等。

小结：在很多场合中，为了改善由于色彩对比过于强烈而造成的不和谐局面，达到一种广义的色彩调和境界，即色调既鲜艳夺目、强烈对比、生机勃勃，而又不过于刺激、尖锐、眩目，就必须运用色彩调和的手法。色彩调和是一项基础的色彩训练课题，对设计色彩的灵活运用是有奠基作用的，只有从大量的实践训练中才能领悟到色彩的魅力，并积累一些经验。

实践训练 11　绘制互补色的调和构成

训练目的　绘制互补色的调和构成。

训练器材　白、黑色卡纸或特殊材质，墨水，水粉笔或毛笔，水粉颜料，水，圆规，鸭嘴笔，直尺，三角板，模板，铅笔，橡皮，针管笔。

训练要求　以互补色的互补色对进行互补色的调和练习。要求上色均匀，画面整洁，内容清晰。

训练步骤　1. 裁好尺寸合适的卡纸。

2. 用圆规、铅笔和橡皮绘制已经设计好的图形。

3. 用水粉颜料涂色。

训练任务　运用同一调和、类似调和及互补色的调和方式进行色彩的调和练习。

学生作业选登

训练作业 11-1

训练作业 11-2

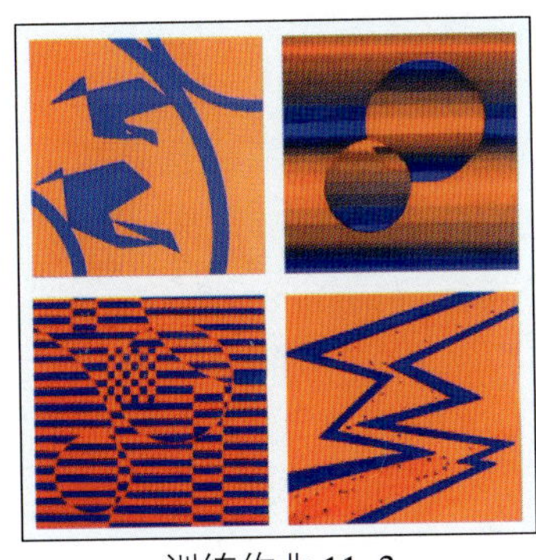

训练作业 11-3

学生作业选登

训练作业 11-4

训练作业 11-5

训练作业 11-6

训练作业 11-7

训练作业 11-8

训练作业 11-9

色彩表达与色彩空间

单元概述 本单元主要介绍了色彩表达与色彩空间。通过对色彩的知觉力、色彩的辨别力、色彩的情感特征分析，合理地运用色彩性格，并能根据目的性选择色彩，将其和谐完美地组织于画面中，提高色彩敏锐的感知力。

6.1　色彩表达与色彩联想

我们平时所生活的每一个空间往往都有自身的气氛，它可以是温馨的，可以是友好的，也可以是紧张的，或者是商务的。不同的功能空间需要不同的色彩，迪斯科舞厅的色彩与咖啡厅不一样，这是色彩需要设计的最好的理由。以空间的色彩而言，运用浅色还是深色，影响着空间的长度、宽度和高度。

6.1.1　色彩的语言性与视觉心理效应

色彩的直接性心理效应来自色彩的物理光刺激，对人的生理发生直接界的影响。心理学家发现，在红色环境中，人的脉搏会加快，血压有所升高，情绪有所升高。而处在蓝色环境中，脉搏会减缓，情绪也较沉静。有的科学家发现，颜色能影响脑电波，红色引起的反应是警觉，蓝色引起的反应是放松。

6.1.2　色彩的象征性

冷色与暖色是依据心理错觉对色彩的物理性分类，对于颜色的物质性印象，大致由冷暖两个色系产生。红、橙、黄色的光本身有暖和感，照射到任何色都会有暖和感；紫、蓝、绿色光有寒冷的感觉。颜料也是如此，如在冷饮的包装上使用冷色调，视觉上会引起人们对这些食物冰冷的感觉（图 6-1-1）；冬日把窗帘换成暖色，就会增加室内的暖和感（图 6-1-2）。以上的冷暖感觉并非来自物理上的真实温度，

图6-1-1

而是与我们的视觉经验与联想有关。

冷色与暖色还会带来一些其他感受，如重量感、湿度感等。暖色偏重，冷色偏轻；暖色有稠密的感觉，冷色有稀薄的感觉；冷色有透明感，暖色透明感较弱；冷色显得湿润，暖色显得干燥；冷色有远退的感觉，暖色有迫切感。这些感觉都是受我们心理的作用而产生的主观印象。

图6-1-2

无论有色彩的色还是无色彩的色，都有自己的表情特征。每一种色相，当它的纯度或明度发生变化，或者处于不同的搭配时，颜色的表情也就随之改变了。例如，红色是热烈冲动的色彩，在蓝色底上像燃烧的火焰，在橙色底上却暗淡了；橙色象征着秋天，是一种富足、快乐而幸福的颜色；黄色有金色的光芒，象征着权力与财富，黄色最不能掺入黑色与白色，因它的光辉会消失；绿色优雅而美丽，无论掺入黄色还是蓝色仍旧很好看，黄绿色单纯年轻，蓝绿色清秀豁达，含灰的绿宁静而平和；蓝是永恒的象征；紫色给人以神秘感等。

6.1.3　色彩的膨胀与收缩

图6-1-3

比较一黑一白两种颜色而体积相等的正方形可以发现有趣的现象，即大小相等的正方形，由于各自的表面色彩相异，能够赋予人不同的面积感觉。白色正方形似乎较黑色正方形的面积大。这种因心理因素导致的物体表面面积大于实际面积的现象称为“色彩的膨胀性”；反之称为“色彩的收缩性”。给人膨胀或收缩感觉的色彩分别称为“膨胀色”、“收缩色”。色彩的胀缩与色调密切相关，暖色同膨胀色，冷色属收缩色。

6.1.4　色彩的前进性与后退性

如果等距离地看两种颜色，可给人不同的远近感，如图6-1-3所示。黄色与蓝色以黑色为背景时，人们往往感觉黄色距离自己比蓝色近。换言之，黄色有前进性，蓝色有后退性。较底色突出的前进性的色彩称“进色”；较底色暗淡的后退色彩称“退色”。

一般而言，暖色比冷色更富有前进的特性。两色之间，亮度偏高的色彩呈前进性，饱和度偏高的色彩也呈前进性。但是色彩的前进与后退不能一概而论，色彩的前进、后退与背景色密切相关。例如，在白背景前，属暖色的黄色给人后退感，属冷色的蓝色却给人向前扩展的感觉。

6.1.5　色彩的艳丽与素雅

一般认为，如果是单色，饱和度高，则色彩艳丽；饱和度低，给人素雅的感觉。除了饱和度，亮度也有一定的关系。不论什么颜色，亮度高时即使饱和度低也给人艳丽的感觉。色彩是否艳丽、素雅，取决于色彩的饱和度线段，亮度尤为关键；高饱和度、高亮度的色彩显得艳丽。我们从（图 6-1-4）的一组变化饱和度、亮度的图片，能直接感受到艳丽与素雅的感受。

混合色的艳丽与素雅取决于混合色中每一单色本身具有的特性及混合色各方的对比效果。所以对比是决定色彩艳丽与居雅的重要条件。此外，结合色彩心理因素，艳丽的色彩一般和动态、快活的感情关系密切；素雅与静态的抑郁感情紧密相连。

6.1.6　各颜色的联想意义

除了上面讲述的色彩的几种特性之外，色彩的特性还包括联想意义。

1.红色

红色视觉刺激强，让人感觉活跃、热烈、兴奋、活泼、热情、积极、希望、忠诚、健康、幸福等向上的倾向，有朝气。在人们的观念中，红色往往与吉祥、好运、喜庆相联系，它便自然成为一种节日、活动的常用色。同时红色又易让人联想到血液和火炮，可以产生危险、恐怖的联想。灭火器、消防车都是红颜色的。

2.黄色

黄色为明亮和娇美的颜色，有很强的光明感，使人感到明快和纯洁。幼嫩的植物往往呈淡黄色，又有新生、单纯、天真的联想，还可以让人想起蛋黄、奶油等。

黄色也与植物的衰败、枯萎相关联。因此，黄色又使人感到空虚、贫乏和不健康。含白的淡黄色感觉平和、温柔，含大量淡灰的米色或本白则是很好的休闲自然色，深黄色却另有一种高贵、庄严感。黄色还被用作安全色，因为这极易被人发现，如室外作业的工作服。

3.橙色

橙色兼有红与黄的优点，明度柔和，使人感到温暖、明快、活泼、华丽、辉煌、跃动、炽热、温情、甜蜜、愉快。一些成熟的果实往往呈现橙色，食品（面包、糕点）也多是橙色。因此，橙色又

图6-1-4

易引起营养、香甜的联想，是易于被人们所接受的颜色。在一些地区，橙色也与欺诈、嫉妒有联系。

4.蓝色

蓝色可谓极端的冷色，具有沉静和理智的特性，恰好与红色相对应，表示沉静、冷淡、理智、高深、透明等含义。蓝色易产生超脱、远离世俗的感觉。深蓝色会产生低沉、郁闷和神秘的感觉，也会令人产生陌生感、孤独感。

5.绿色

绿色具有蓝色的沉静和黄色的明朗，又与人自然的生命相一致相吻合，因此，它具有平衡人类心境的作用，是易于被接受的色彩。绿色又与某些尚未成熟的果实的颜色一致，因而会引起酸与苦涩的感觉。深绿易产生低沉消极、冷漠感。黄绿带给人们春天的气息，蓝绿、深绿是海洋、森林的色彩，有着深远、稳重、沉着等含义。含灰的绿（如橄榄绿、墨绿等色彩）给人以成熟、老练的感觉，被广泛选用，也是军服、警服规定的服色。

6.紫色

紫色具有优美高雅、神秘、高贵、优美、庄重、奢华、雍容华贵的气度，有时也会让人感有孤寂、消极的感觉。紫色既有含红的个性，又有蓝的特征。暗紫色会引起低沉、烦闷、神秘的感觉。

7.黑色

黑色为无色相无纯度之色，往往给人感觉沉静、神秘、严肃、庄重、含蓄，另外，也易让人产生悲哀、恐怖、不祥、沉默、消亡、罪恶等消极印象。尽管如此，黑色的组合适应性却极广，无论什么色彩，特别是鲜艳的纯色与其相配，都能取得赏心悦目的良好效果。但是，不能大面积使用，否则，不但其魅力大大减弱，相反会产生压抑、阴沉的感觉。

8.白色

白色给人以洁净、光明、纯真、清白、朴素、卫生、恬静等印象。在它的衬托下，其他色彩会显得更鲜丽、更明朗。多用白色还可能产生平淡无味的单调、空虚之感。

9.灰色

灰色是中性色，其突出的性格为柔和、细致、平稳、朴素、大方。

它不像黑色与白色那样会明显影响其他的色彩。因此，灰色作为背景色彩非常理想。任何色彩都可以和灰色相混合，略有色相感的含灰色能给人以高雅、细腻、含蓄、稳重、精致、文明而有素养的高档感觉。当然滥用灰色也易暴露其乏味、寂寞、忧郁、无激情、无兴趣的一面。

图6-1-5

6.1.7 色彩象征的实例应用

在古代宫殿中帝王与一般大臣所处环境的色彩有不同的象征，金色与红色的搭配象征了权利与地位，如图 6-1-5 所示。

小结：色彩的表情来自于人们的生理特征。利用人们对于色彩的共性感觉，在色彩的配置上充分考虑色彩的心理效应，就能使色彩成为符合设计的有意味的形式。对于任何设计的作品而言，色彩的效果都是“多样性的统一”，一个画面或一个空间，都是形态的组合和色彩的组合。

特别提示

色彩的表情来自人们在传统的风俗影响下生成的文化意识，一代又一代的文化意识是如此的根深蒂固，使人们不敢轻易地去违背，以至形成色彩的习惯心理反应。

实践训练 12 绘制色彩联想构成

训练目的 掌握色彩的三要素，熟练利用色彩联想的习惯心理反应来做设计。

训练器材 白、黑色卡纸或特殊材质，墨水，水粉笔或毛笔，水粉颜料，水，圆规，鸭嘴笔，直尺，三角板，模板，铅笔，橡皮，针管笔。

训练要求 利用各色彩的色彩意义进行色彩联想练习。要求上色均匀，画面整洁，内容清晰。

训练步骤 1．裁好尺寸合适的卡纸。

2．用圆规、铅笔和橡皮绘制已经设计好的图形。

3．用水粉颜料涂色。

训练任务 从现实生活中或个人经历中攫取主题，并以抽象或意象的形态表现出来，进行色彩联想的练习。题材或题目名称自定。

学生作业选登

训练作业 12-1

民乐	轻音乐
摇滚乐	流行乐

训练作业 12-2

中年	少年
幼年	老年

训练作业 12-3

酸	甜
苦	辣

训练作业 12-4

山地	黄土地
丛林	湖泊

训练作业 12-5

阴险	阳光
灰暗	犀利

训练作业 12-6

第3部分　立体构成

知识目标

1．掌握：立体构成的概念。
2．理解：立体构成的条件和原理。

能力目标

1．能：正确使用构成的方法。
2．会：通过构成的综合表现正确地向受众传达设计思想。

立体构成是一门研究在三维空间中如何将点、线、面、体的造型要素按照一定的形式美法则组合成新的、美的立体形态的学科。

立体构成也是用各种较为简单的材料来训练造型能力和构成能力的一门学科。它是对立体形态进行科学的解剖，以便重新组合、排列创造出新的造型。立体构成训练包括针对技术、材料、加工、设计各方面在内的综合能力训练，可以为将来的专业设计打下基础。

立体构成基本元素与表现要素

单元概述 本单元主要介绍了立体构成的基本要素与表现要素，分析不同形态构成中的规律与可能性。通过对基本形态要素的宏观与微观的综合分析，提高对这些要素的组织结构、形式法则、空间形态塑造规律与表达能力的理解与把握，培养立体和多元化思维能力。

除了平面上塑造形象与空间感的图案及绘画艺术外，其他各类造型艺术都应划归立体艺术与立体造型设计的范畴。它们的特点是，以实体占有空间、限定空间，并与空间一同构成新的环境、新的视觉产物。由此，被人们称为“空间艺术”。

既然共属于“空间艺术”，那么无论各自的表现形式如何，它们必有共通的规律可循。近年来人们对此进行了不懈的探索，取得了以“立体构成”作为空间艺术基础的经验（如图绘画中的基础是素描、色彩一样），直接有助于创作与设计，是用于基础教学的新学科。

立体是实际占有空间的实体，较之于在二次元的空间中（即平面中）所表现出来的立体感，是两种截然不同的性质。

平面中表现的空间深度和层次，是单纯视觉的，它运用透视法来表现立体的效果；而立体，则是在空间实际占有位置的实体，我们可以围绕着它变换成任意角度，前后左右地观看。小的立体形态，我们还可以拿在手中翻来覆去地观赏，所以立体的“形”与面的“形”是不能相提并论的。它的形不是绘画平面中的轮廓的概念，而是从不同角度观看时产生的不同型限。

7.1 立体构成基本元素

立体形态无论是人工的还是自然的，出于构成理论的需要，都可以归纳为粒体、线体、面体、块体这四种最基本的形态（如平面构成的基本形态是点、线、面）。

平面构成是有意识地将点、线、面各因素组织创造出一个二维世界。立体构成是平面构成的延续，把平面构成中的点、线、面立体化，是一个三维世界，比平面构成复杂得多。

粒体：立体构成中的粒体是小而集中的立体形态。它是有形态、大小、方向及位置的变化，是把平面构成中的点加以体积化。它可以理解成一个乒乓球或一个金属球等，与球体的区别是因对比环境的变化而转变。立体构成中的粒体常用来表现强调节奏感与对比感，起到画龙点睛的作用。

线体：立体构成的线体是构成空间立体的基础。它把平面构成中的线，加以体积化。它可以理解为一根玻璃棒或一根木条等。线的不同组合，可以构成千变万化的空间形态。立体构成中的线是相对细长的造型，是体的骨骼与框架，常用来表现运动感、力度感、透气感与韵律感。

面体：立体构成中的面体是相对于块体而言的，具有长、宽两个方向和非常薄的厚度。它可以理解成一张纸或一张木板等，体现了体的表面特征。面的不同组合方式可以构成丰富的空间形体，表现了透空、轻盈、延伸等特征。

块体：立体构成中的块体，体现了长、宽、厚的三维空间。它可以由面组合而形成，也可以由面运动而形成。它可以理解为一块砖或者是一个木块、铁块等。块体的多种组合方式可以构成千变万化的空间特征，表现一种浑厚、稳重大气的感觉。

用这四种基本形态分别可以构成点限空间、线限空间、面限空间、体限空间。此四种构成形式，为立体的基本构成形式。

7.1.1 点限空间

点限空间（粒体构成）是由相对集中的粒体构成的立体空间形式。这种构成方式给人以活泼、轻快和运动的感觉特征。

粒体，具有点的造型形式特点，在立体构成中是形体的最小单位。只要是相对小的形体，粒体的形象可以是任意的。就如同衣服上的扣子，虽然起着点缀的作用，但其造型可以是形形色色的。

点限空间构成中，粒体的大小不允许超过一定的相对限度，否则它就会失去自身的性质而变成块体的感觉了。用众多数量的粒体做构成时，要处理好它们之间的大小、距离和疏密、均衡关系。通常，用粒体构成，需要与线体或面体、块体等配合，才能得以支撑、附着或悬吊（图 7-1-1）。

7.1.2 线限空间

线限空间（线体构成）是通过线体的排列、组合所限定的空间形式，具有轻盈、剔透的轻巧感。采用这种方式可以创造出朦胧的、透明的空间效果，其风格比较抒情，故常直接用于装饰环境的空间雕塑（图 7-1-2）。

图7-1-1

如将线的形态（粗、细、截面、方、圆、多角、异形的线等）、构成方法和色彩诸因素充分调动，将会创造出各种不同意趣的空间形象。

在立体构成中，线体比粒体的表现力更强、更丰富。例如，直线体具有刚直、坚定、明快的感觉，曲线体具有温柔、活跃、轻巧的感觉。当然，这是总的表情特征，线体的粗细不同，其表现力也各具特色，例如，略粗的直线体构成会显得沉着有力；细的直线体构成会显得脆弱、敏捷、秀丽等。

线体无论曲、直、粗、细，与块体相比，给人的感觉都是轻快的。线体的构成，肯定带有很多空隙，这些空隙是不可忽视的空间形态。线体构成如果处理不好也容易造成空间的混乱，充实的空间感和有层次的美也就不能充分体现。

在线体的构成中，起主要作用的因素是：长短、粗细和方向。

图7-1-2

7.1.3 面限空间

面限空间（面体构成）是用面体限定空间的形式，可分平面空间和曲面空间两类。因为面体的形态可以是多种多样，所以面限空间可以构成各种各样的空间形态。利用面体可以创造出表达各种意境、形式、功能的空间。

面体给人一种向周围扩散的张力感，这也是由于它所具有的薄与幅面的特征所决定的。如厚度过大，就会使其丧失自身的特征而失去张力，显得笨重。

用面体构成，每块面体的厚度与正面形态都应首先确定下来，在将它们组织到一个空间内时，要着重研究、处理好这几个方面的问题：面体与面体的大小比例关系、放置方向、相互位置、距离的疏密。要根据预定的构成目的，调整好诸体之间关系，以达到最佳的预期效果。

7.1.4 体限空间

体限空间（块体构成）这是用具备三次元（长、宽、高）条件的实体限定空间的形式。块体没有线体和面体那样的轻巧、锐利和张力感，它给我们的感觉是充实、稳重、结实有分量，并能在一定程度上抵抗外界施加的力量，如冲击力、压力、拉力等。

因为块体的形态是更富于变化，所以用它来限定和创造空间，更容易实现各种设计需求。例如，建筑群落限定的空间，公园里被精心修剪成各种几何形体的树木，考究的室内陈设，广场中央屹立的纪念碑等，都是人为创造的体限空间。

7.2　立体构成的表现要素

每一件成功的立体构成作品，都是要经过艰苦创作才能得到的。在整个创作程序中，必须经过几个主要环节，或者说，必然要遇到几个主要问题。本节将它们归纳成立体构成的六个要素，逐一进行阐述。

1. 逻辑要素

逻辑要素在所有的设计与创作中，都有起着最明智的总导演作用。

“逻辑”一词的主要含义是：①思维的规律；②客观的规律性。谁都知道，无论做什么事，思维首先应该是清晰的，有计划、有条理和有目的性的。立体构成从构思到实现，都需要讲求逻辑性，因为它有着明确的目的和价值，或作为基础训练，或实际应用，所以绝不应有所谓“下意识”的或漫无目的的构成活动出现。否则，立体构成将会失去自身的价值。

逻辑要素是怎样体现在立体构成之中的呢？让我们以一件立体构成作业从构思到实现的过程为例，加以说明。

作业课题：创造单纯而充满活力的构成

面对课题，首先会想到：这是去掉了时代性、地方性、社会性、生产性等附加条件的纯粹造型活动，是要求我们创造出能给人以某种抽象的心理感受的形体。接着，思维进行到课题的展开，什么样的形体会给人以充满活力的感受呢？“活力”，就是富有生命力，朝气蓬勃而充沛，而富有生命力的生命体，马上会使人联想到植物的种子，破土而出的幼芽、丰硕的果实、敏捷的动物、健美的人体——再归纳这些具体形象的共性，我们可以得出：生命体可以使人感到由内向外的生长，饱满而结实，充满着内在的力量。所以，“充满活力的形体”无论如何不会是干瘪的、平面的、呆板的、生硬的，它应是膨胀的、有量感有动势的造型。

现在，再加上“单纯”二字，就限定了我们要创造的形体。思维活动进行到此，朦胧的形态开始在脑海中出现了；可以取某种简单的几何形体进行构成，虽然这些几何形体给人以生硬的机械感，但它最符合“单纯”的课题要求，只要组织得当，就会构成像植物或动物等生命体一样的有机形体，给人以充满活力的感受。经过比较分析，几何体中的球体最终被选作此构成的主要形象。

接下来在制作过程中又会遇到种种问题，诸如形体构成过于复杂会失去紧张的力感；构成过于单纯会显得乏味、无魅力；以及用什么材料、采取什么工艺、选用什么色彩、确定大小规模等。这些都需要理智地去思考，直到最终作业完成。逻辑要素都始终贯穿其中。

2. 形式美的要素

“美”的概念，在美学中的含义很广，既指事物的内容，又指事物的表现形式。

图7-2-1

人们评定和鉴赏一件构成作品的优劣，往往习惯以它给人的“美感”来反映。“美”在立体构成中，成为一种实体的、感性的东西存在，是一个具有特殊规律性的内容和形式的统一体。在这个统一体中美的内容处处表现于具体的形式之中，这种具体的形式是什么呢？我们在这里称它为“形式美”。它的基本内容如下。

（1）统一与变化

统一与变化是艺术造型中应用于最多，也是最基本的形式规律（图 7-2-1）。

完美的造型必须具有统一性，统一可以增强造型的条理及和谐的美感，特别是对立体构成而言，失去了“统一”，作品会像一堆废墟，杂乱无章地堆积在那儿，是无艺术美而言的。但只有统一而无变化，又会造成单调、呆板的效果，因此须在统一中加以变化，以求得生动的美感，或者说：“统一”就是要统一那些过分变化的混乱；“变”就是要变化那些过分统一的呆板。

统一与变化的关系就是统一中求变化、变化中求统一。

（2）对称与平衡

对称，也叫做均齐。最常见的对称形式有左右对称（上下对称）和放射对称。左右对称又称线对称，即以中心线为对称轴，线的两边形象完全一样。放射对称的形式有一个中心点，所有的开支都从点的中央向一定的发射角排列造型。它有较强的向心力。盛开的花心、雨伞架、风车等，都属放射对称形体。

对称的造型具有安静、庄严的美，在视觉上很容易判断和认识，更容易给人留下印象（图 7-2-2）。

图7-2-2

图7-2-3

平衡与对称不同，它不是从物理的条件出发，而是指在视觉上达到一种力的平衡状态，虽然形体的组合并不是对称的，但却能给人以均衡、稳定的心理感受（图 7-2-3）。或者说，此处的平衡是指形体各部分的体积给人在心理上感到的相互间达到稳定的分量关系。

对称与平衡的区别是：平衡较对称更显得活泼、多变化；对称则较平衡更显得肃穆、端庄。

图7-2-4

（3）对比与调和

对比，是强调表现各种不同形体之间彼此不同性质的对照，是充分表现形体间相异性的一种方法。它的主要作用在于使造型产生生动活泼的效果。对比构成形式对人的感观刺激有较高的强度。

对比的形式是怎样在立体构成中表现的呢？例如：大的与小的形体构成在一起会形成对比，大的显得更大、小的显得更小；方的与圆的形体组织在一起，会充分地显示直线体的端庄和曲线体的丰满、生机勃勃；曲面体与直线体在一起（图7-2-4），直线体显得更加纤细、尖锐而敏捷，曲面体则更显膨胀、柔和而稳重；垂直的立体与水平的立体放在一处会显得高的更高、矮的更矮；此外，自然形体与人造型体相对而言比；粗壮的与纤细的形体相对比；黑色块体与白色块体的对比……无疑，对比的内容与形式是十分丰富的。

如果重点考虑空间与时间对它的影响对比的形式还有如下三种状况：

1）并置对比：所占的空间较小，即相互呈对比状态的形体较集中地放置，使人的视域中心一下子就能包容。这样的对比效果较强烈，容易引起人们的兴趣，常常成为造型的焦点所在和趣味中心。

2）间隔对比：这是一种较调和的对比形式，是指将相互呈对比形式的形体之间隔开一定的距离，这种形式一般不易产生构成焦点，而只能是重点间的响应。运用得当，易创造良好的装饰效果，并起到平衡的作用。

3）持续对比：这种对比包含了先后秩序的时间因素，使对比作为更强烈的印象被感觉到。例如：在构成艺术展览会上，刚欣赏过了一件用树根材料制的作品，紧接着又观赏另一件用金属材料制作的作品，那么前者所具有的天成妙趣、自然原始的美与后者的经机械加工、电镀饰面、有现代感的美则会给人以鲜明的对比，从而留下更深刻的印象。这就是持续对比因素所起的作用。

关于“调和”，从字面上讲，是与“对比”相对立的，但在此处，“对

□图7-2-5

比”与“调和”却是要相提并论的。因为对比的形式如运用不当，将会产生多中心和杂乱无章的效果，所以在运用对比的同时，必须时刻注意到调和，使构成的诸形体配合得恰当、和谐。

欲达到既对比又调和的整体完美效果，可从这几个方面入手：注意诸形体放置的秩序性、各部分形体之间恰当的比例、形体间的类似程度等。

（4）节奏与韵律

节奏，确切地说是音乐中交替出现的有规律的强弱、长短的现象。人们也有它来比喻均匀的有规律的工作进程。在造型艺术中强调节奏感会使构成的形式富于机械的美和强力的美（图7-2-5）。富于节奏感的形象在我们周围是处处可见的。由此可见，同一单位的形象或同一种动作规则地加以反复能产生节奏感。

如果在构成中大量地、一味地运用“节奏”形式，没有变化，不加入其他的组合方式，定会产生单调感，使人感到乏味。所以往往需要再加入韵律的因素，才会更完美。

韵律，是使形式富于有律动感的变化美。可以说，节奏是韵律形式的单纯化，韵律是节奏形式的丰富化；或者说，节奏是较机械而冷静的，韵律则是富于感情的。而它们在构成活动中的主要作用是使造型形式富于情趣和具有抒情的意境。

韵律的形式按其造型表达的情感，可分为许多种，有静态的韵律、激动的韵律、含蓄的韵律、雄壮的韵律、单纯的韵律、复杂的韵律等。

3. 形式要素

粗犷的、清秀的、奇险的、安定的、庄严的、活泼的、透明的、流动的、有生命力的、冷漠的……不同的形态，造成不同的感受，许多形态往往同时肩负功能要求。立体构成以及一切设计活动都需要从本质及关键概念出发，去寻找符合既定逻辑的形体，要有所创新和创造。

形态可作如下分类：自然形态、现实形态、人工形态、概念形态（借助语言和词汇的概念感知的形态）作为要素的提出，最终要解决的问题是：如何创造新形态（现实形态）。或者说，面对一个主题，是否能设计出众多的形态和正确选择最满意的形态。这需要的是设计者具有正确的思维方法和开阔的构思能力。

例如：问一个普通人，柱子是什么样的？回答常常是“圆柱”、“方柱”。其实不然，柱子的形态可以为无数种：中空透雕的、扭曲的、塔形的、伞形的、双柱或群柱并列的、左右透前后封闭的、带有写实形象的雕塑形式的等。柱子的概念如果说是圆的、方的，这并没有表达柱子的本质，承重才是柱子的本质。只要能承重，那么它的外形就可以是很多种了。关键是我们要从本质出发，以创造性思维去寻找、设计新形态。如果被前人的创造束缚了手脚就会永远停滞不前，不会再有崭新的形态被设计出来。

4. 空间要素

在造型艺术中，空间是指在立体形态占有的环境中，所限定的空间的“场”，即指实体与实体之间的关系所产生的相互吸引的联想环境（也称心理空间）。像平面构成中的“正形”与“负形”一样，如果把立体构成中的形体看作“正体”，那么空间就是“负体”，它对构成的效果乃至形象是有影响的，空间绝不等于空虚的间隙。

例如三个立体等距放置时，会使人产生它们中间有看不见的吸引力，这种吸引力会使人感到它们是完整而协调的一体，这也就是前面所说的“场”的作用。当间隔加大后这种心理的联系就不存在了，而是觉得它们之间是互相无关联的三个立体，空间“场”也显得涣散。如再把间隔缩得很小，使三个立体过于接近，反而显得太拥挤了，此时紧张感加强；如果是形状各异的立体，还会给人以混乱感。

由此可见，如何合理安排空间是不可忽视的。

5. 材料要素

在立体构成中，材料也是一项主要因素，特别是立体构成所使用的材料是无特定的，不同立意的构成所选择的材料应该是不同的，应选择最能贴切、完美地表达某种立意的构成之材料，如图 7-2-6 所示。

（1）材料的种类

1）以质地不同分类：金属材料（铁、铜、锌、铝、银等）、非金属材料（土、木、竹、石、布、玻璃、陶瓷等）、高分子材料（塑料、橡胶、合成纤维等）。

2）以物理特征不同分类：弹性材料、脆性材料、硬性材料、塑材料、黏性材料、透明材料、半透明材料、轻质材料、重质材料、液态（流体）材料。

3）以基本形态不同分类：粒材、线材、板材、块材。

（2）立体构成训练中的常用材料

在立体构成训练中，可用的材料很多，制作者可根据现有的物质条件和加工条件，选择最能表现构成内容的理想材料。常用的材料有：

1）粒材：小塑料球、皮球、玻璃球、小木块、

□图7-2-6

卵石、敲打或切碎而成的各类粒材。

2）线材：铁线、塑料皮导线、塑料管、吸管、木条、竹子、麻绳、棉线绳、鱼网线、琴弦、金属链、车条、电镀金属管等。

3）板材：木块、石膏块、苯板、发泡水泥砖、黏土、石块、砖块、树根结、毛线球、皮球、鹅卵石以及用板材做的中空块体等。

除以上介绍的材料范围外，每位制作者随时随处都可能发现更适合自己作业的新材料，在选用材料时，无论是需经加工的还是取其自然形态直接用的，都要同时考虑到材料与工艺之间的配合关系，同时也要充分发挥材料的艺术作用。

6. 肌理要素

（1）肌理的概念、作用、分类、表情

物体表面的感觉、形态，如手感、纹理、质地、性质、组织形式、凸凹程度等，概括起来叫做肌理。在造型艺术中，肌理起着装饰性或功能性的作用，不容忽视。

在平面构成中我们已讲过，从人感受肌理的方式而论，肌理可分为触觉肌理和视觉肌理两类。

肌理的产生，有的是自然生就的，如树皮、木纹、石块；有的是经技术加工人为创造出来的。因此，从肌理的形成过程而论，肌理又可分为天然肌理和人工肌理两大类。

形体与肌理是密不可分的关系，肌理起着加强形体表现力的作用：粗的肌理具有原始、粗犷、厚重、坦率的感觉；细的肌理具有高贵、精巧、纯净、淡雅的感觉；处于中间状态的肌理具有稳重、朴实、温柔、亲切的感觉。天然的肌理显得质朴、自然，富于人情味；人工的肌理形形色色，可以随人心愿地创造，以确切地表现各种效果。

（2）人工肌理的探求

出于构成内容乃至实际应用的需要，人工肌理的设计与研制是造型艺术诸领域里不可缺少的项目（只不过称呼有所不同，如：表面加工、饰面、外表处理等）。人工肌理的探求也当然地成为构成训练的一个内容，目的在于培养设计者对肌理的创造能力。

面对各种材料，用各种手段、处理方法、加工技术，经过艰苦的构思，可以创作出变化万千的肌理，即使同一种材料也可创造出不同的肌理。

小结：立体构成是一门很有意义的基础训练课程，通过立体构成的练习就会对艺术思维中的形式语言有更多的了解。构成设计并不是一种具体的方法，也不是类似数学计算中的公式的运用，它是一种思想姿态，是一种对形势语言的探究。

点、线立体形态的表现形式

单元概述 本单元主要介绍了立体点线的构成法则。通过对点线在三维空间中如何发挥其独特的形式表现语言的分析，掌握点线在空间中的基本结构方式和空间环境的相关关系，提高动手能力和空间造型能力。

点在立体造型上的特点是确定位置。它在造型学上的特性是通过凝聚视线而产生心理张力。

点的连续排列可以形成虚线，点的密集排列可以形成虚面与虚体。当点与点之间的距离越小，就越接近线和面的特性。由点构成的虚线、虚面、虚体，虽没有实线、实面、实体那样具体、结实和厚重的感觉，但虚线、虚面、虚体所具有的空灵、韵律、关联的特殊感也是实线、实面、实体所不具备的。

8.1　点型材料构成

点型材料构成，可根据点的大小、点的亮度和点之间的距离不同而产生多样性的变化，从而此产生不同的效果。同样大小、同样亮度及等距离排列的点，会给人秩序井然、整齐划一的感觉，但相对显得单调、呆板。不同大小、不等距离排列的点，能产生三维空间的效果。不同亮度、重叠排列的点，会产生层次丰富，富有立体感的效果。

点虽然是造型上最小的视觉单位，但因为点具有凝聚视线的特征，所以往往成为关系到整体造型的重要因素。

（1）点的元素

1）秩序规则，集聚排列的点。

2）面的交界处、顶角产生的点。

3）线的顶端产生的点。

4）打洞、挖孔设立的点。

5）结构中的设立的点。

（2）点型材料的特点

金属颗粒：坚硬、耐压，有光泽感和华丽感。

塑料颗粒：晶莹、透明、质脆，有轻松活泼的感觉。

植物颗粒：质朴、饱满，往往给人温馨的感觉。

（3）点型材料图例

点型材料可以由很多材料制成，可以表达很多内容，如图 8-1-1 和图 8-1-2 所示。

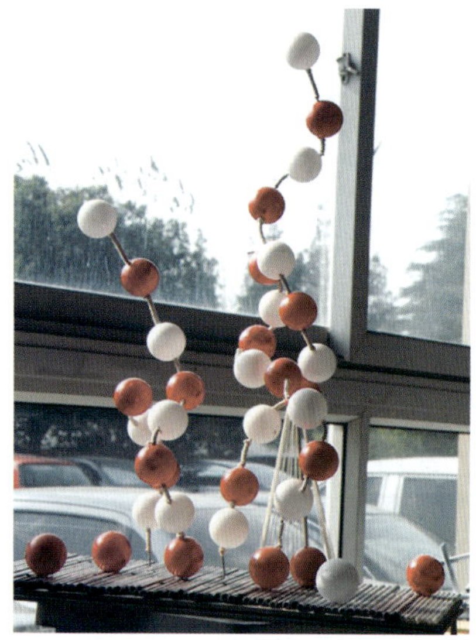

图8-1-1

图8-1-2

特别提示

立体构成是一种基础训练。点型材料构成训练是基础训练中最基本的训练内容，目的是为了了解物质结构的合理性、实用性和美观性之间的联系，并有效地利用物质结构来完成设计的内容。点立体构成的点，是将几何学上零次元的无实质的点，扩展到三次元的有实质的体来表现，构成多种形式的“视觉立场”与“触觉立场”。一点所具有的紧张性是求心的，人的视线就集中在这个点上。

小结：点是立体构成中的基础形态，它可能是一个位置，一个连接处，一个视觉上的细部。点在结构中是一种相对概念，大的点有时能产生面的感觉。点的面积在构成中是最小的，但在视觉张力上，作用却是惊人的——体现的张力的大小并不以元素的大小来区分，而是与点在结构中的位置有关。

实践训练 14　制作点形态的造型构成

训练目的　掌握点形态的造型如何在设计中应用。

训练器材　各种现成的材料、废弃物，选取点的形态，或者处理成点的形态。

训练要求　发现不同材料的现成的点，或者把一些材料处理成点的过程中，注意点的形态本身的变化。

训练步骤　1. 选择材料。

2. 用工具制作已经设计好的图式。

3. 用适合的胶进行粘接。

4. 进行整体修整。

训练任务　选一幅平面设计图形进行空间造型构成，借助空隙在空间结构发生投影的基础上进行演化。用立体构成造型要素——点，进行组合。

学生作业选登

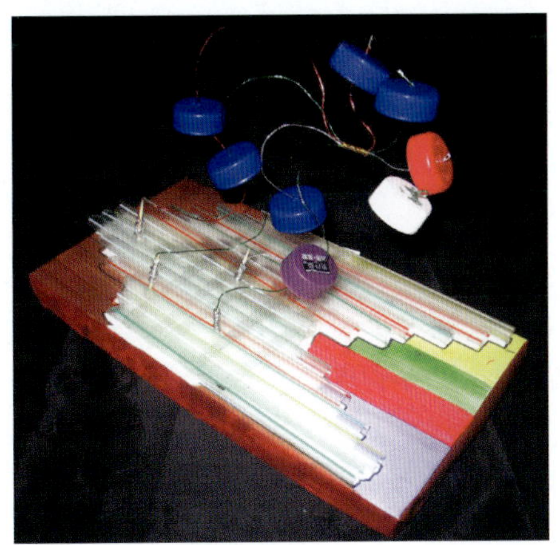

训练作业 14-1

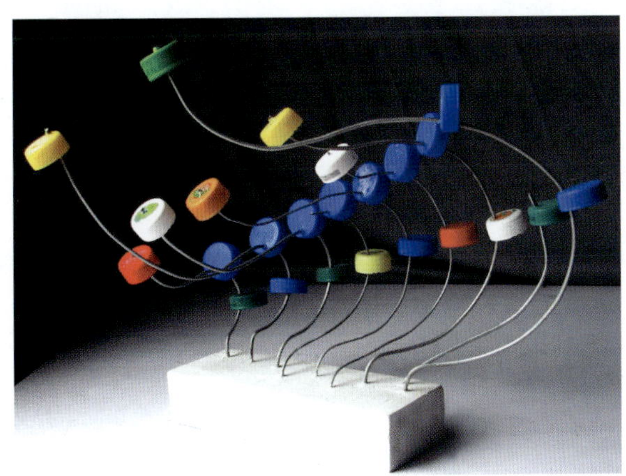

训练作业 14-2

学生作业选登

训练作业 14-3

训练作业 14-4

8.2 线型材料构成

线型材料构成（线材构成）是指各种直线或曲线按照一定的路线排列组合后产生一个有空隙的虚面，再由这些有空隙的虚面排列组合成体的造型。

线材具有长度和方向性。直线有速度、紧张、明快、锐利、严肃等感觉；曲线有柔软、优雅、轻快、团圆等感觉。线的疏密使人产生一种空间感。在线材构成中，又可划分为软质线材和硬质线材两种。软质线材包括：棉、麻、丝、化纤等软线，还有铁、铜、铝丝等金属线材。线材构成的特点，其本身不具有占据空间表现形体的功能。可通过线群的集聚，表现出面的效果，再运用各种面加以包围，形成一定封闭式的空间立体造型。

线材构成所表现的效果，具有半透明的形体性质。由于线群的集合，线与线之间会产生一定的间距，透过这些空隙，可观察到各个不同层次的线群结构。这样便能表现出各线面层次的交错构成。这种交错构成所产生的效果，会呈现出网格的疏密变化，它具有较强的韵律感。这种线材构成空间立体造型所独具的表现特点。

8.2.1 软质线材的构成

软质线材是以有一定韧性的板材或电线及软纤维作为选择对象的构成练习。

软线材构成常用硬线材作为引拉软线的基体，即框架。线材所包围的空间立体造型，必须借助于框架的支撑。通常可采用木框架、金属框架或其他能够起支撑作用的材质作框架。

框架的造型是按作者的设计意图制作。其结构可选用正方体造型，也可以是用三角柱形、三角锥形、五棱柱形，六棱柱形等。另外，也可采用正圆形、扁圆形或渐伸涡线形等。有些框架也可用木板做依托（图 8-2-1），在上面竖立支柱，以小钉子为接线点进行连接构成。

图8-2-1

框架上的接线点，各边的数量要相等，其间距可进行等距分割，或从密到疏的渐变次序排列。线与线的交叉构成，主要表现为两种状态：一种是接近于垂直的交叉，这种效果基本是方格造型，使方格形成横向、竖向及宽、窄不同对比的变化。另一种交叉造型，是接近于平行的交叉，它们所形成的造型，会呈现一种逐渐变化的条形网格效果。这些网格的排列，会出现很强的韵律，给观者以美感。

线材与框架的结合，可打成线结，也可以在框架上打成小孔，用线穿透固定在框架上。或者将木条割成小的切口，再用白乳胶结合固定。

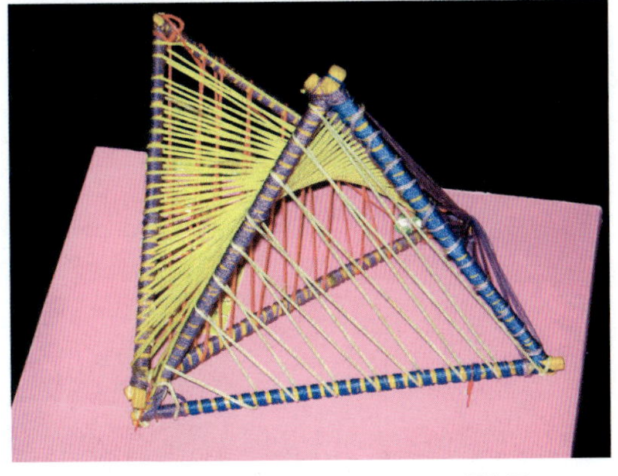

图8-2-2

框架是为线构成服务的，但也是立体构成中的有机部分。充分考虑到这一点，硬质的线框就有多种不一样的考虑，如材质上的考虑，木质的（图 8-2-2）、金属的（图 8-2-3）、塑料的、有机玻璃的、玻璃的等。

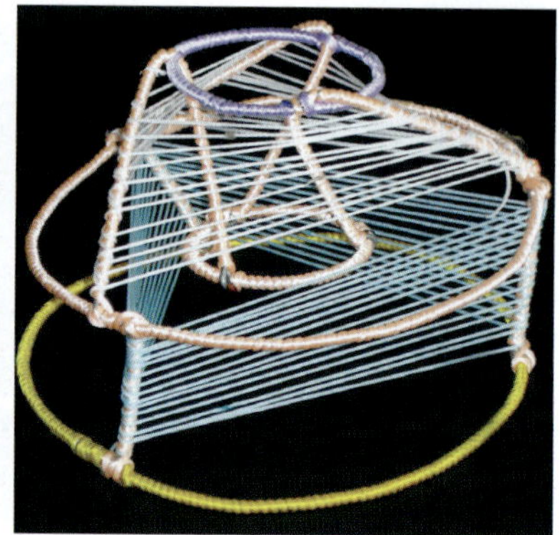

图8-2-3

软质的线绕在框架的一定部位，可以通过不同的绕法形成面的变化，这是软质线构成的艺术魅力所在。框架在上，线编织体悬挂，这是线构成的一种方式。壁挂、顶挂就属于这类构成方式。

线的拉法是线构成的关键，水平拉线，垂直拉线，斜向拉线，平行拉线，交错拉线，等距离拉线，渐变距离拉线，密集拉线，疏松或跳动拉线，都能使线的构成产生变化。线的拉法能产生节奏，能产生发射和渐变，能产生对比等形式感。

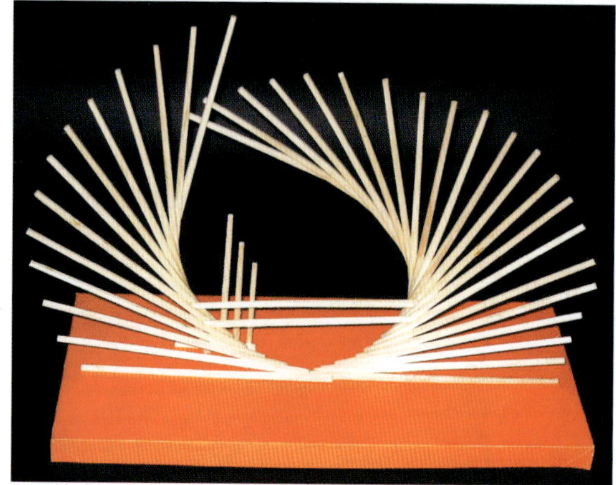

图8-2-4

8.2.2　硬质线材的构成

硬质线材是用具有一定刚性的线材作为选择对象的构成练习。它的构成形式主要有以下几种形式。

1. 线层结构

将硬质线材沿一定方向，按层次有序排列而成的具有不同节奏和韵律的空间立体形态为线层结构。线层的构成形式有两种：

1）单一线材的排列：每一层为单根线材，排列方式为包括重复、大小、方向、渐变等（图 8-2-4）。

2）单元线层的排列：每一层为二根或三根以上线材，这样可以产生丰富的变化关系（图 8-2-5）。

图8-2-5

2. 框架结构

以同样粗细的单位线材，通过粘接、焊接、铆接等方式接合成框架基本形，再以此框架为基础进行空间组合，即为框架结构（图 8-2-6）。框架的基本形态可以是立方体、三角柱形、锥形、多边柱形，也可以是曲线形、圆形等基本形。构成形式可产生丰富的节奏和韵律，框架除重复形式外，还可有位移变化、结构变化及穿插变化等多种组合方式。

3. 自由构成

选择有一定硬度的金属丝或其他线形材料，做构成时不限定范围，以连续的线做自由构成，使其产生连续的空间效果。表现对象可以是抽象的，也可以是具象的（图 8-2-7）。

线材的排列路线可以是直的、曲的，也可逐渐改变方向，可以形成一个旋转的体，再由旋转体组合构成层次交错的形态。其具体路线为重复、渐变、发射、旋转等。

1）重复：重复是将线材有秩序地排放、组合，使整体形象美观。

2）发射：采用一点或多点发射，伴随着旋转的空间组合方式。特点是空间感强，动态变化多样。

3）渐变：按照某一种比率，由小到大或由大到小的线材排列。

线材按照一定的路线排列组合，会产生一个有空隙的面，同时由线材与线材之间空隙的大小、宽窄、厚薄、远近等所产生的空间虚实对比关系，可造成空间的流动感和节奏感。

图8-2-6

图8-2-7

图8-2-8

图8-2-9

8.2.3　线材构成实例应用

线材构成的实例应用见图 8-2-8 和图 8-2-9。

特别提示

软与硬是一对矛盾体，也是一个没有明确分界线的概念。这里的软硬区分主要以需要不需要支撑为界，凡需要支撑体的线材，即为软质线，包括用以支撑悬挂的结索的线构成；可以独立完成构成结构支持作用的线材，即为硬质线材。

小结：利用线的不同特性，来构成结构空间，是立体构成的基本手段之一。线材，以长度为特征，兼有多种视觉特点，所以通常有软质线与硬质线、粗线与细线、光滑线与粗糙线、有色线与无色线等区别。有些特征是来自于材质本身，有些特征来自于加工。

实践训练 15　制作点形态的造型构成

训练目的　掌握线形态的造型在设计里是如何应用的。

训练器材　各种现成的材料、废弃物，木质、金属或其他线形态的材料。

训练要求　发现不同材料的线，或者把一些材料处理成线的过程中，注意线的形态本身的变化。

训练步骤　1. 选择材料。

2. 用工具制作已经设计好的图式。

3. 用适合的胶进行粘接。

4. 进行整体修整。

训练任务　用各种线型材料进行排列构成练习。成型底座尺寸不小于 25cm×30cm。

学生作业选登

训练作业 15-1

训练作业 15-2

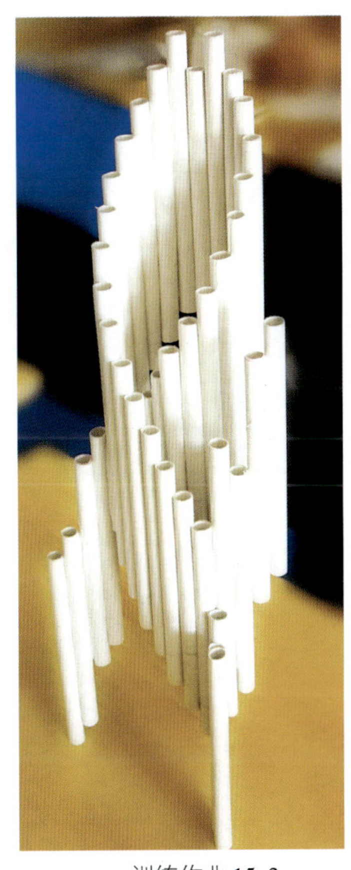

训练作业 15-3

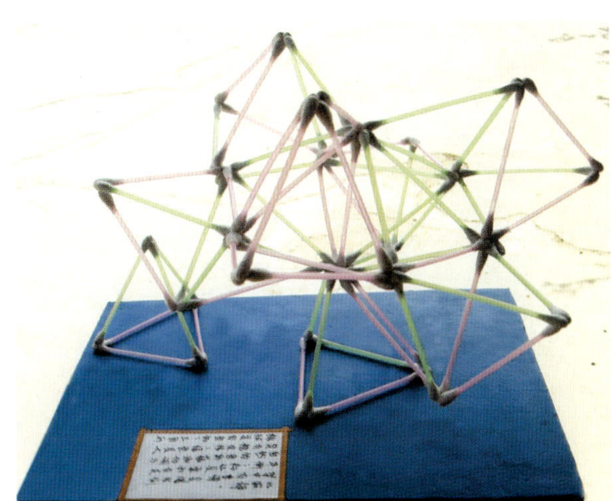

训练作业 15-4

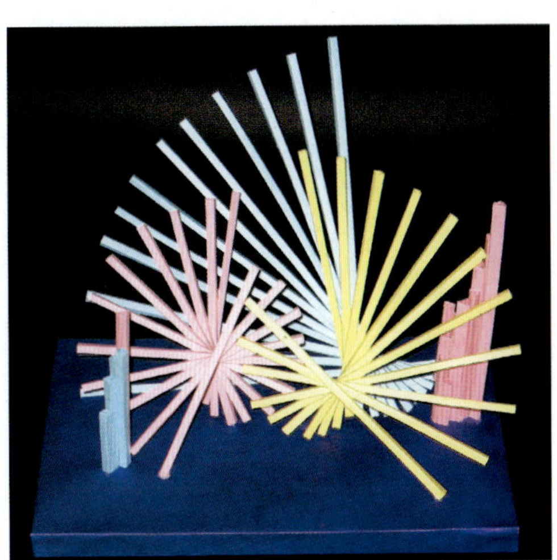

训练作业 15-5

学生作业选登

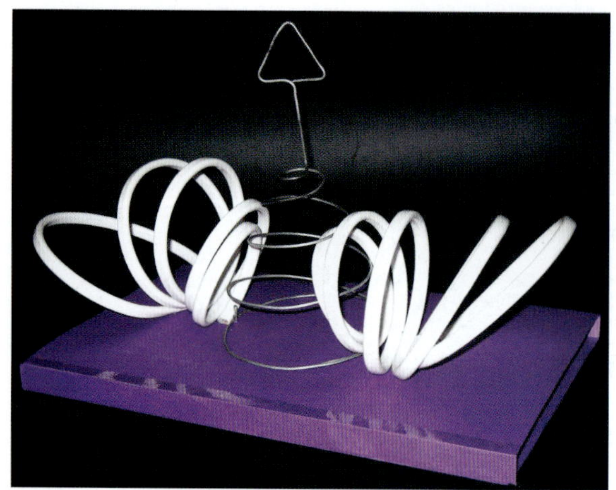

训练作业 15-6

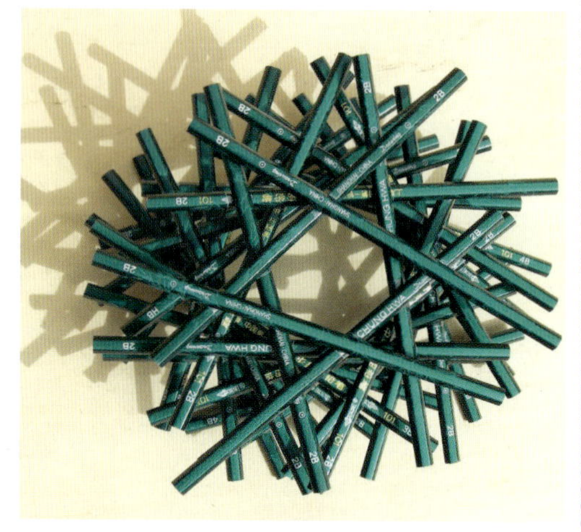

训练作业 15-7

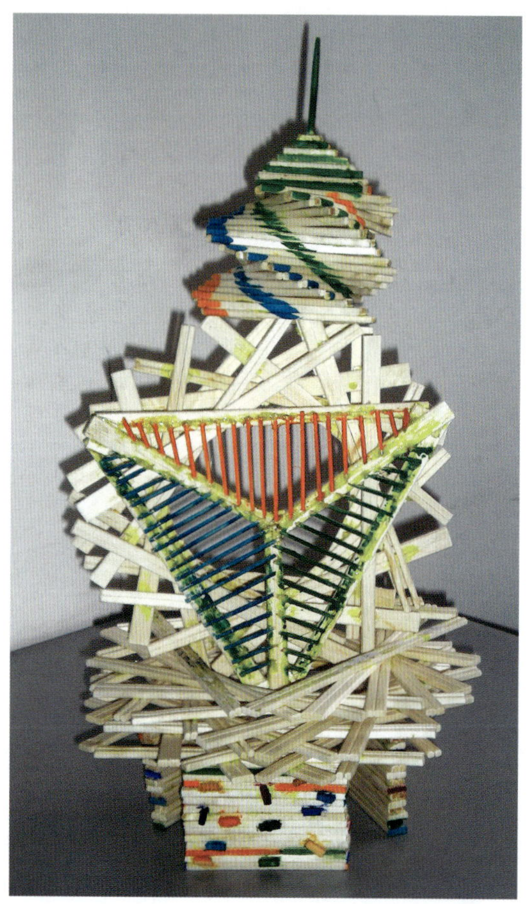

训练作业 15-8

训练作业 15-9

学生作业选登

训练作业 15-10

训练作业 15-11

训练作业 15-12

面材构成与面材造型

单元概述 本单元主要介绍了面材成与面材造型。通过对面材构成的基本加工手段的探究，掌握三维设计的构成知识和方法，提高艺术的感染力，判断力与理性的逻辑能力，以最佳方式应用到建筑与环境设计中。

面材构成，也就是板材的组合构成。它是以长、宽两度空间的素材所构成的立体造型。面材所表现的形态特征，是具有平薄和扩延感。它是介于线材和块材之间。块形的东西，假使太大了，超过了人们的视界范围，会产生面的感觉，墙壁就是这样一个例子。

9.1 面材构成

面材构成的材料应用：一般作为练习用的平面材料，最方便是用250克以上的白卡纸为素材。它具有一定的厚度，比较挺拔，便于切割和折曲，也便于互相连接，在加工上也较为容易。此外，还可以采用厚纸板、胶合板、有机玻璃、塑料面板等硬质材料。但这种类材质价格较高，而且，加工时需要一定设备和工具，不如用纸板方便。有机玻璃等材料，其坚固度较强，材质优美，直观效果好。

面材构成的结构，大部分表现为空心造型。这种结构是一种折面构成，也就是将面材加以弯曲和切割，形成一种面材包围的空间立体造型;另一种构成，为面群结构，即采用类似形的面材造型，逐渐变形，进行重复叠加构成，形成一种渐变的立体实心造型。

面材是一种平面的素材，要将平面转换成立体，就必须将平面的某些部分，拉出来脱离该平面，形成具有深度的三维空间。这就需要进行不同的加工。

1. 弯曲加工

1）管、柱形曲面弯曲。这是将平面素材沿着平行的方向进行弯曲，

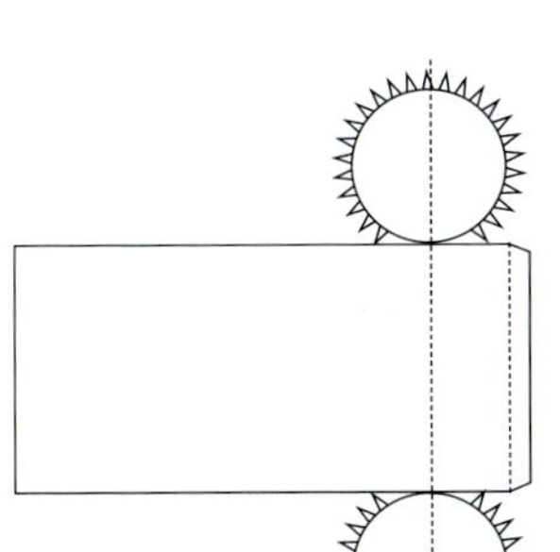

图9-1-1

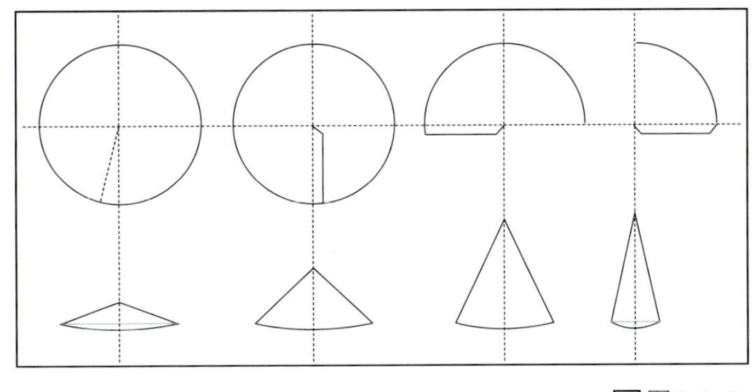

图9-1-2

然后，将曲面的两个端部黏合起来，便形成为管状立体造型（图 9-1-1）。

2）圆锥、圆台形弯曲。圆锥造型是在一个平面的卡纸上以圆锥顶为中心，画出正圆形，再从圆心向周边作一个切口，然后，将切口的两个边向一起重叠，即可制成锥体曲面。圆台，是在圆锥面的中间部位，进行平行切割，所形成的立体造型，其上、下是两个直径不等的正圆形平面（图 9-1-2）。

3）几何曲线形曲面弯曲。其作法如下：首先，在平面卡纸，做出同心圆几何曲线的折线图稿；然后，按照其图线，用分规的尖部划出浅沟，并预折成造型;最后，再将同心圆曲线的两个端点，向一起收拢，其收拢的程度越大，折曲曲面的程度就越深（图 9-1-3 和图 9-1-4）。

4）自由曲面弯曲。这是表现带有不规则曲面立体的加工手段。在自然界中，其造型千变万化。为表达其丰富多彩的立体造型，一方面要将繁杂的对象，进行必要的概括和归纳，同时，也要有条理地加工出比较简练的自由曲面造型。

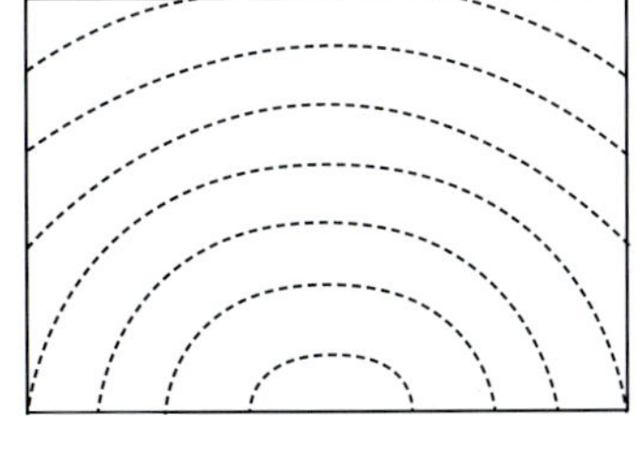

图9-1-3

2. 切割加工

切割加工，是将平面材料转换成立体的主要手段之一。通过切割去掉面料中多余部分，从而转化为立体，这是立体形成的主要原理之一。

1）直角切割。在一个“田”字形的平面材料上，如果不加任何切割，便不会成为立体造型（图 9-1-5）。但是，如果按不同的角度切割，便可折曲成不同的直角造型。

2）切割拉伸（图 9-1-6）。在平面卡纸上，加以适当的切割，可以切一个或两个刀口，将切断的部分进行拉伸构成。其

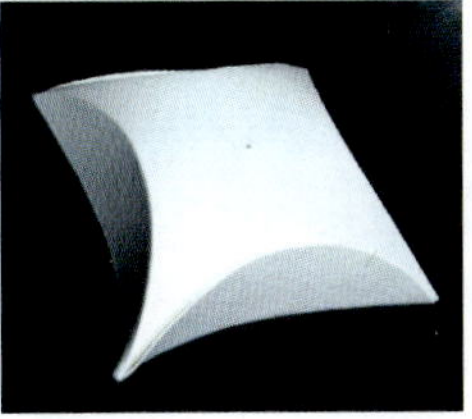

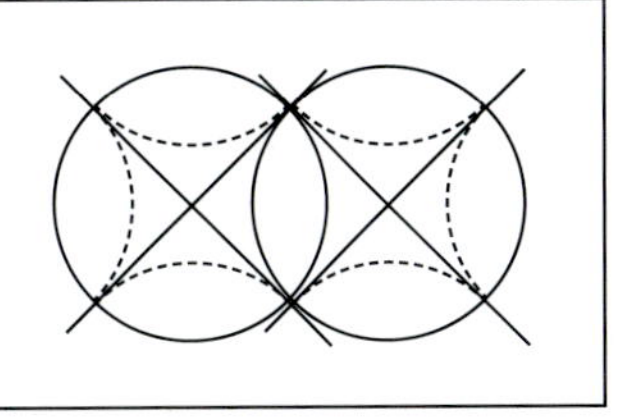

图9-1-4

方法是：经过切割保留其一端与原平面相连接，其另一端脱离该纸板，加以折曲、弯曲。或者，将切割部分仍保持原平面的位置，而压屈其相邻的部分，从而显示其切割部位，便可形成有变化的造型。

图9-1-5

图9-1-6

9.2　面材造型

9.2.1　半立体单形、半立体重复

半立体是介于平面构成与立体构成之间的造型，是平面走向立体的最基本练习。准确地说，它是在平面材料上对某些部位进行立体化加工，使之不仅在视觉上具有立体感，也在触觉上具有立体感。

半立体单形构成主要有两种形式，即半立体抽象构成和半立体具象构成。

1. 半立体抽象构成

这是运用切折加工手法来表现抽象几何体造型，使其产生富有韵律的艺术效果。半立体抽象构成可表现为切折构成，即将一个平面经过切和折两种手段变为半立体造型的构成手法，制作简单却富于变化。在造型要求上，除了追求对比与调和、节奏与韵律等，更要注意逻辑构思的系统性。

加工构成原理，可围绕卡纸上的刀口进行。刀口已被限制，加工时，在刀口上下必须进行等量的折曲，即其边线上部如果在其左侧折曲，使其切口的长度缩短。而在其刀口边线下部，必须相应进行同等长度的缩短，以保持其凹凸加工的平衡等。

这种造型可以通过如下加工方式实现。

1）一切多折：这种形式是立体构成中最基本的训练之一，是在特定的条件下，作线性、尺度、方向等方面有计划的变化。方法：在10cm×10cm的铜版纸中间，平行于一边或沿对角用美工刀用力划一切口线，切线两端都要留出一小段不切，使该纸周边形基本不动，在这条切缝两边将纸折叠成各种具有凹凸效果半立体造型，如图9-2-1所示。

2）不切只折：在10cm×10cm的铜版纸中，不切一刀，只做折叠练习，如图9-2-2所示。折叠构成要素主要有：① 折叠线型：折叠线可以是直的、曲的，也可以是直曲结合。② 折叠方向：可以是相同方向，也可以是相异方向。③ 折叠部位：可以折一侧、折两侧、折边、折角，可以突破纸边，也可以不突破纸边，上下两边可以是对称，也可以是不对称。

3）多切多折：在10cm×10cm铜版纸中，多处切开多处折叠即构成多切多折法，如图9-2-3所示。在一切多折练习外，还要进行二切多折、三切多折、四切多折、多切多折等半立体形式的练习，这些练

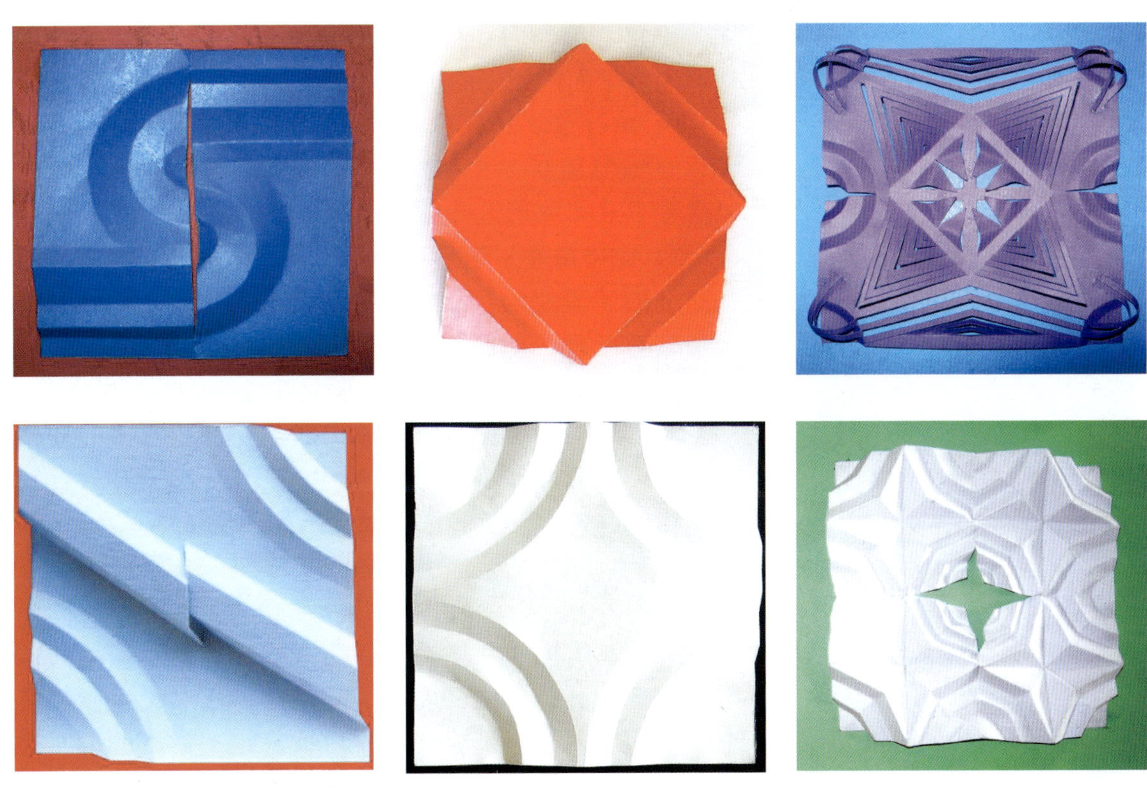

图9-2-1　图9-2-2　图9-2-3

图9-2-4

图9-2-5

图9-2-6

习的加工手段都与一切多折较相似，只要改变构成要素，就会有变化无穷的方法和结果。

2. 半立体具象构成

半立体抽象练习是通过几何造型处理的，但大自然中多数的形态不是由直线或平面表现的，它们种类很多，它们的构成也十分复杂，如图 9-2-4 所示。

半立体具象构成的方法是先确定所要表现的造型内容，再选定一种材料来进行表现，使材料的特点与表现的内容相吻合。

图9-2-7

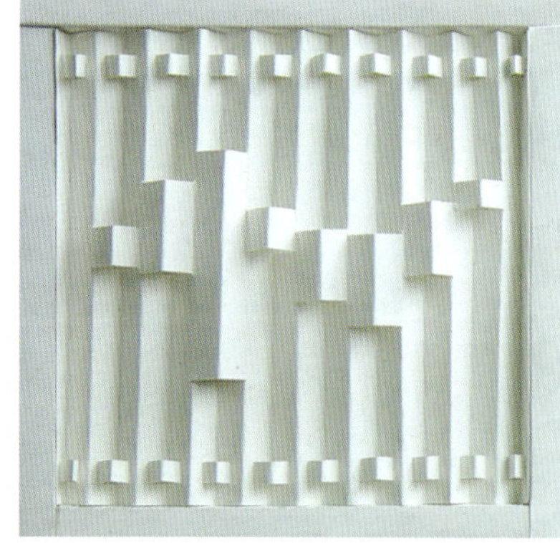

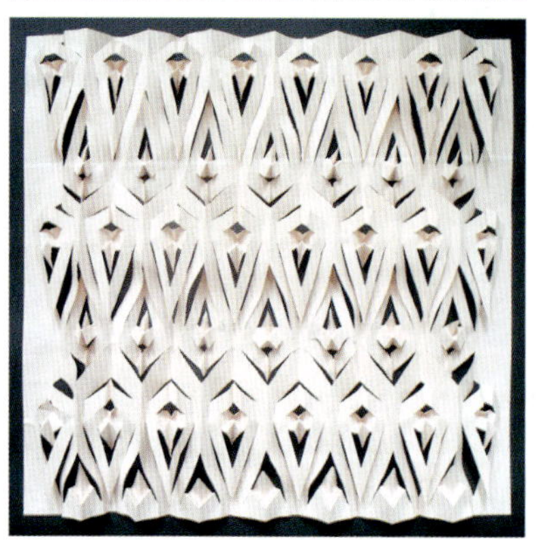

半立体具象构成可采用半立体重复的构成来实现。半立体重复又称为薄壳构成或交错折叠构成，可以简单地理解为与平面构成中的重复构成相近似的一种设计思维。

1）单行重复：将半立体的单形以重复骨格的方式进行重复练习图 9-2-5。选择抽象元素制作半立体重复可以借鉴半立体单形设计中的技法来处理。

2）交错重叠：这是将一个平面经由方向交错折线相互穿插的手段变为半立体造型的构成手法，制作较为复杂却富有条理，如图 9-2-6 所示。在造型要求上，更注重韵律的美感。其构成形式主要是蛇腹折。

总之，半立体重复的抽象构成除了选用重复的构成方式外，还可以借鉴平面构成中渐变构成、发射构成、对比构成、特异构成等进行设计，如图 9-2-7 所示。

3.装饰框匣

在板式结构的立体造型画面完成后，为了保持其造型的成形和装饰效果的完美，还应制做出装饰框匣，将造型图面装入其中，以便于摆放或悬挂。常用的框匣的制作方法有：方形窄边框匣（图 9-2-8）；宽边斜面框匣

（图 9-2-9）。

装饰框匣的制作方法有以下几种：① 折向背面的画底粘胶部分；② 边框的外立面；③ 边框的正面（图 9-2-8 所示为平面，图 9-2-9 所示为斜面）；④ 边框的内立面；⑤ 框匣心，其尺寸按画心大小确定。

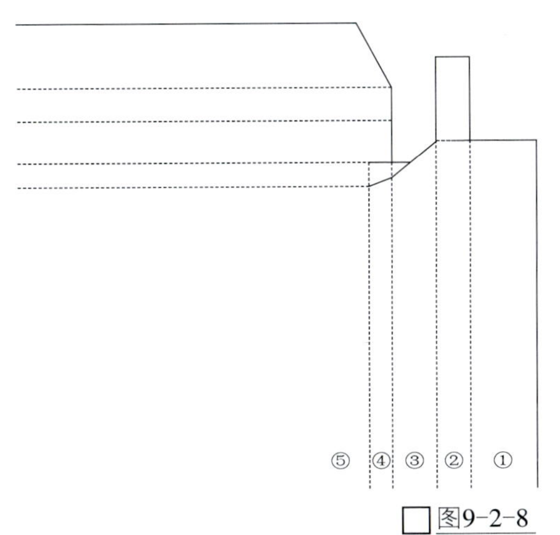

图9-2-8

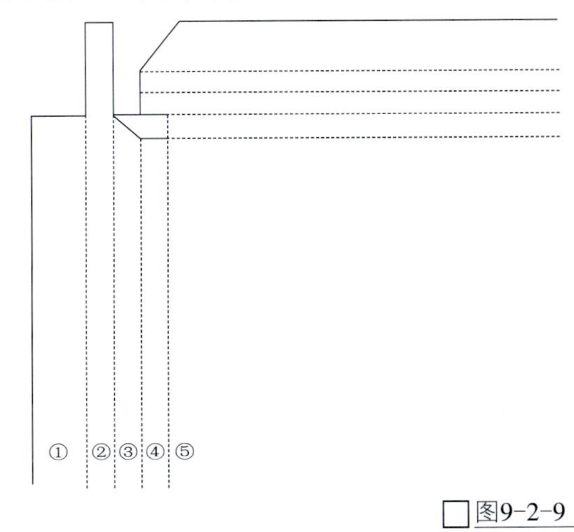

图9-2-9

图9-2-10

特别提示

半立体具有平面图形与立体造型的双重意义，将切割后的图形拉出来，形成了一个正形和一个负形，拉出来的图形可以折叠回去，立体的形态又恢复为平面。

小结：半立体构成的效果在于，从平面上拉起的纸在面积、形状、方向、明暗、不同视角的形式感，由于光的作用，由于折起的纸的不同变化，使原来纸的平面之上，出现不同大小的空间，虚实相间，对比而立，有着一种韵味。

面材构成实例应用如图 9-2-10 所示。

实践训练 16 制作面形态半立体的造型构成

训练目的 掌握面形态的造型在设计里是如何应用的。

训练器材 各种现成的材料、废弃物，选取面的形态，或者处理成面的形态。

训练要求 发现不同材料的现成的面，或者把一些材料处理成面的过程中，注意面的形态本身的变化。

训练步骤

1. 选择材料。
2. 用工具制作已经设计好的图式。
3. 用适合的胶进行粘接。
4. 进行整体修整。

训练任务

1. 半立体单形设计9张，作切折构成。尺寸：10cm×10cm。粘在装饰框匣里（只固定两点即可），要注意构图。
2. 半立体具象设计一幅。尺寸：30cm×30cm方形或30cm×40cm长形。完成后粘在装饰框匣里，要注意构图。
3. 半立体单行重复一件。设计时考虑折叠压缩的范围。完成后粘在36cm×36cm装饰框匣里。

学生作业选登

训练作业 16-1

训练作业 16-2

训练作业 16-3

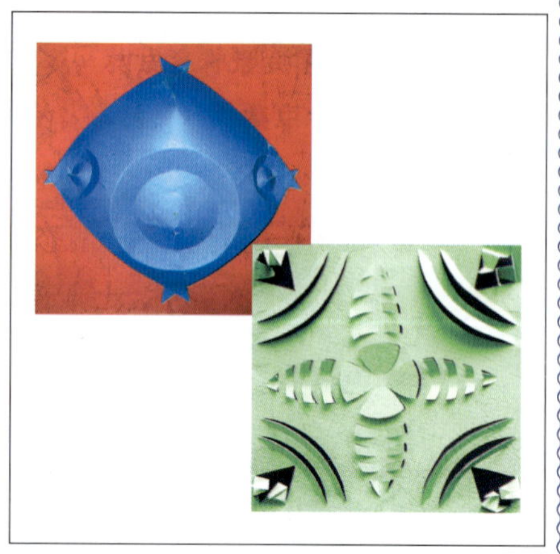

训练作业 16-4

学生作业选登

训练作业 16-5

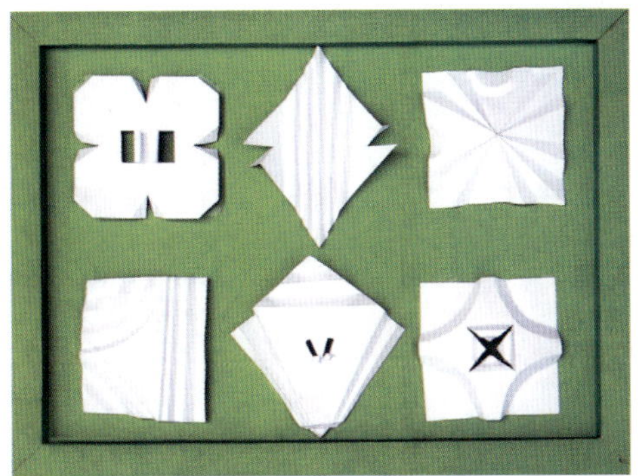

训练作业 16-6

训练作业 16-7

训练作业 16-8

训练作业 16-9

9.2.2　透空柱体

柱式或筒式结构，是在平面的卡纸上，进行重复反复折曲，或进行弯曲构成。然后，再将折面的边缘，黏结在一起，便可形成上下贯通的筒形造型。在这基础上，再将上盖和下底封闭，即可成为柱式的封闭空间立体造型。

透空柱体是指柱身封闭、两个柱端没有封闭的虚体。在平面的卡纸上进行重复的折曲式切折构成，然后再将凹凸的平面左右边缘黏结在一起，形成上下贯通的筒型。透空柱体分为透空棱柱和透空圆柱两种。棱柱有三棱柱、四棱柱、五棱柱等，如果棱柱的柱面数量逐渐增加，此棱柱会逐渐趋近圆柱体。透空棱柱和透空圆柱的区别在于：棱柱有棱边，而圆柱没有棱边。

其造型的变化部位，归纳起来有：柱端变化、柱身变化和柱体棱线上的加工变形等。这些装饰变形，一般都要在柱体封闭粘接之前进行。

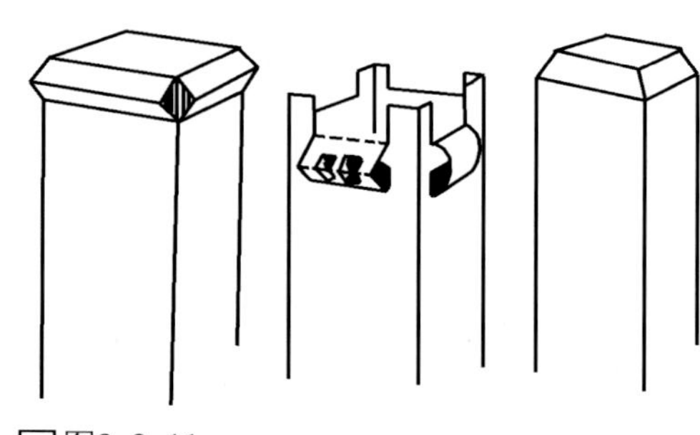

□图9-2-11

（1）柱端的变化（图 9-2-11）

柱端也称为柱头，这里的柱端是指柱体的两端。加工的形式，可切断两端后，向外折曲成凸出的三角形造型；也可以将柱口的中间部位，进行切割，再向外折曲、弯曲等造型；此外，还可以在柱体角部进行切割，向中间凹入成方台造型，或进行锥体造型；还有的可以在切割后，再进一步重复折曲，形成几个分体柱体造型等。总之，柱端的变化会影响柱身的设计。

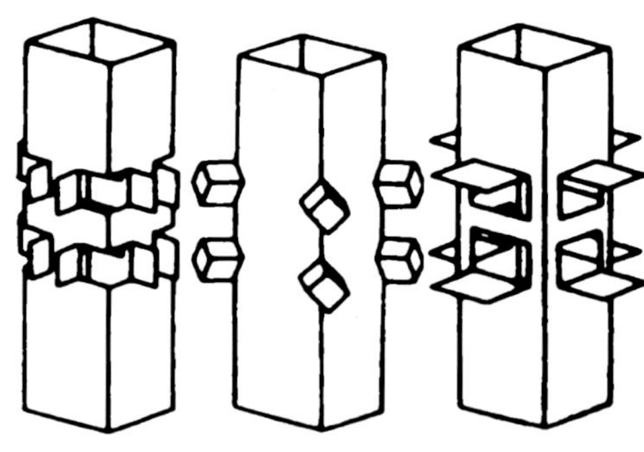

□图9-2-12

（2）柱身的变化（图 9-2-12）

柱身的变化和面材半立体的设计手法相似。可利用切、折变化在柱身上进行有秩序的切折加工，也可以选用增形或者进行横向的、垂直的、斜向切割和拉伸技法，使柱体经过构成后形成一件旋转体，还可运用重复、渐变、对比等手法来处理。

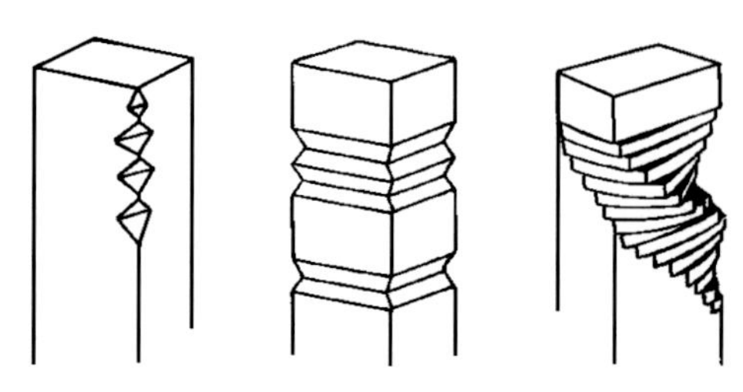

□图9-2-13

（3）柱棱的变化（图 9-2-13）

柱体的棱角，是柱体造型变化的重点部位，在这些凸出的棱线上，经过压曲，可以使棱线的局部，成为曲面的造型；也可以进行切割，将两个切割分离的部分，凹进柱体中间，凹进切口的长短、高低可按渐变次序排列，使之形

□图9-2-14

□图9-2-15

成韵律，从而，造成多种变化。此外，也可以使柱棱部位，切掉其多余部分，将几个面同时折曲、凹入，产生内收的结果。其变化形式如下：

1）非平行的直棱线。

2）波浪形棱线。

3）沿着棱柱形成的一连串菱形棱线网。

4）沿着平行的直线边发展而成的圆形棱线。

5）互相交叉的棱线。

总之，这都是在增形式和减形式的基础上运用变化手法加以切折。

柱式结构实例应用见图 9-2-14 和图 9-2-15。

特别提示

立体造型中，空间与实体是正负形互补的关系。空间中若没有实体的坐标，也就不可能意识到它。实体表现为厚重、封闭。空间表现为通透、飘渺。表现的形式有虚实、隐现、凹凸、前后等等。空间与实体的对比调和同样也以有主次变化为宜。

小结：柱式结构造型是半立体面材过渡到立体的第一个形态，柱式结构一般呈现出坚硬的质感，当然也有充气的软质柱式形态。

实践训练 17 制作柱体的造型构成

训练目的 掌握面形态的造型，半立体到立体的设计是如何形成的。

训练器材 各种现成的材料，选取面材的形态。

训练要求　发现不同材料的现成面材，或者把一些材料处理成面材的过程中，注意面材的形态本身的变化。

训练步骤　1. 选择材料。

2. 用工具制作已经设计好的图式。

3. 用适合的胶进行粘接。

4. 进行整体修整。

训练任务　透空柱体一件。用色卡纸进行切折构成练习。作品成品尺寸不得低于30cm。

学生作业选登

训练作业 17-1

训练作业 17-2

训练作业 17-3

学生作业选登

训练作业 17-4

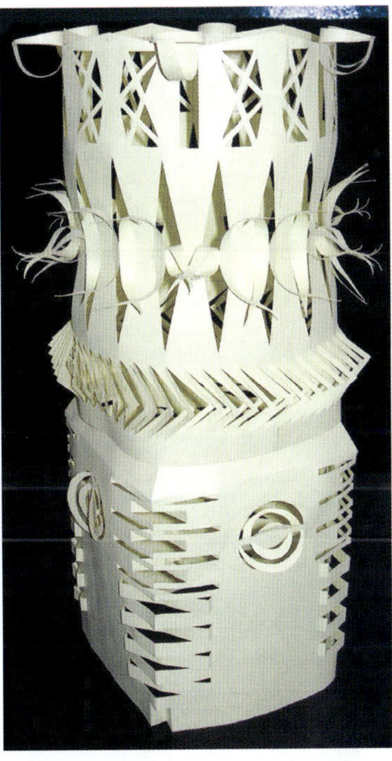
训练作业 17-5

训练作业 17-6

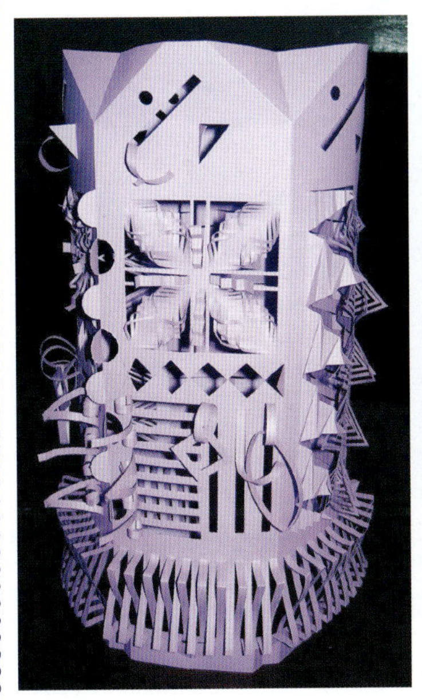
训练作业 17-7

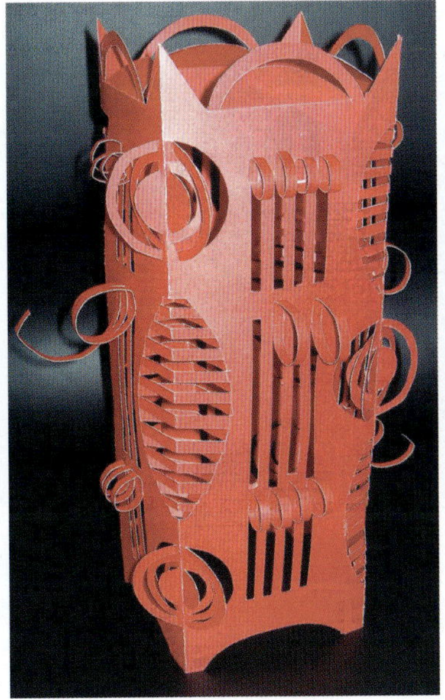
训练作业 17-8

训练作业 17-9

学生作业选登

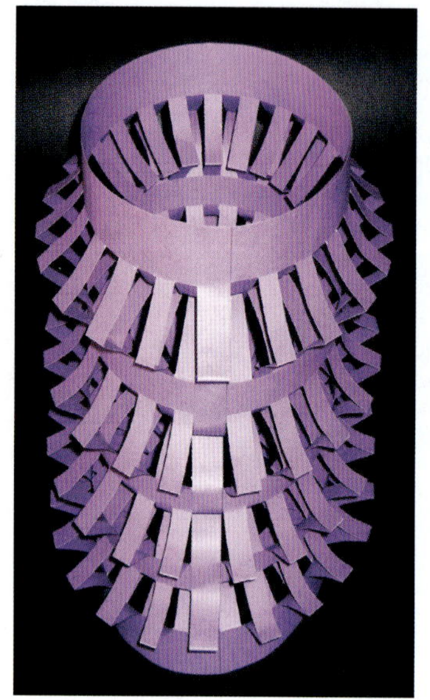
训练作业 17-10

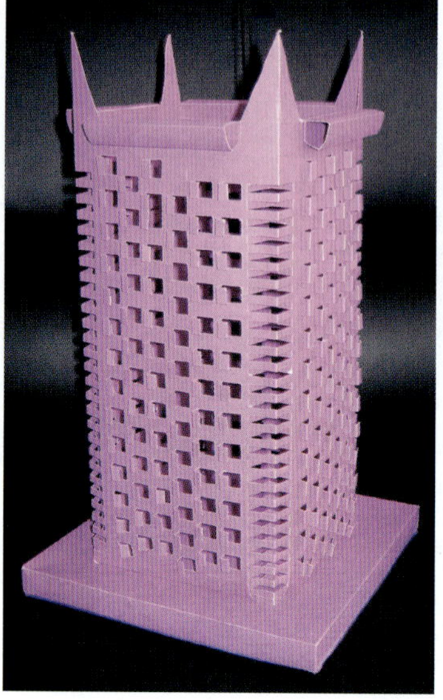
训练作业 17-11

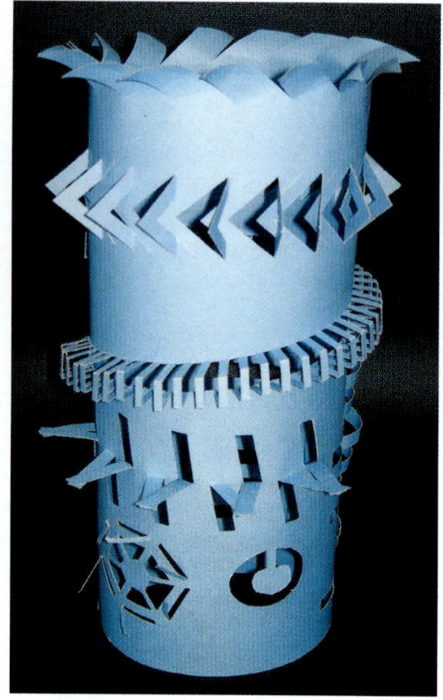
训练作业 17-12

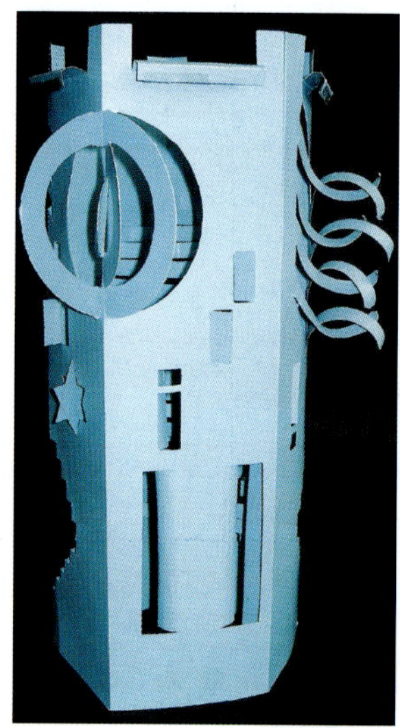
训练作业 17-13

训练作业 17-14

9.2.3 多面体单体

多面体即球体的立体造型，是日常生活中最常见的形体，如足球、电脑等。

平面多面体的基本造型结构，这种立体造型的特征是由等边、等角、正多角形组成的球体结构。其构成平面的形状、大小相同，表面结合无缝隙，棱线与顶角都为重点造型，而且，向外凸出。这样的正多面体，其基本造型共有五种，即正四面体、正六面体、正八面体、正十二面体和正二十面体。这五种基本造型，是进行各种多面体造型的基本形态。

1.正四面体的造型结构

这种结构即正三角锥的立体造型（图 9-2-16）。它是由四个相同的正三角形平面，将其相邻折曲后，再将其切断的边缘粘在一起，即可成为该几何体造型。其中包含相同正三角形平面四个，棱线六条，以及锥顶四个。

2.正六面体的造型结构

正六面体（图 9-2-17）是由六个相同的正方形平面，封闭包围所构成的空间立体。它的造型结构是由六个正方形平面，十二个棱边，八个棱角所组成。

3.正八面体的造型结构

它是由八个相同的正三角形平面，连接其边缘棱线所形成的正多面体（图 9-2-18）。

4.正十二面体的造型结构

这种结构是以正五角形平面基础组成（图 9-2-19）。该多面体含相同的正五角形平面

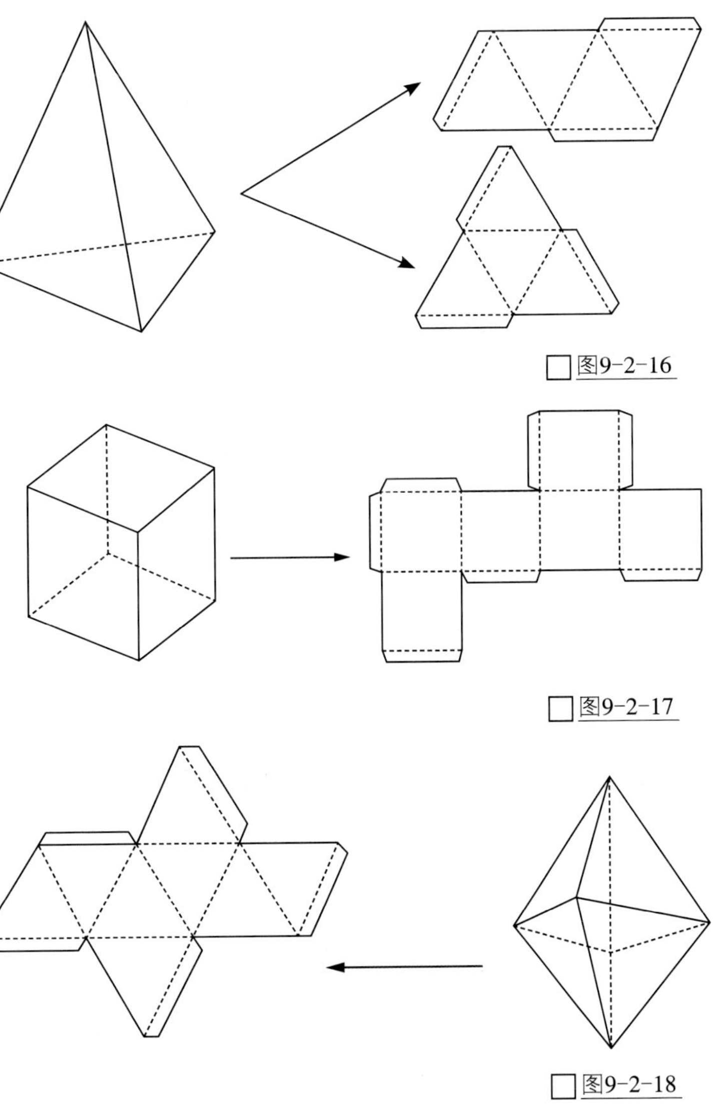

图9-2-16

图9-2-17

图9-2-18

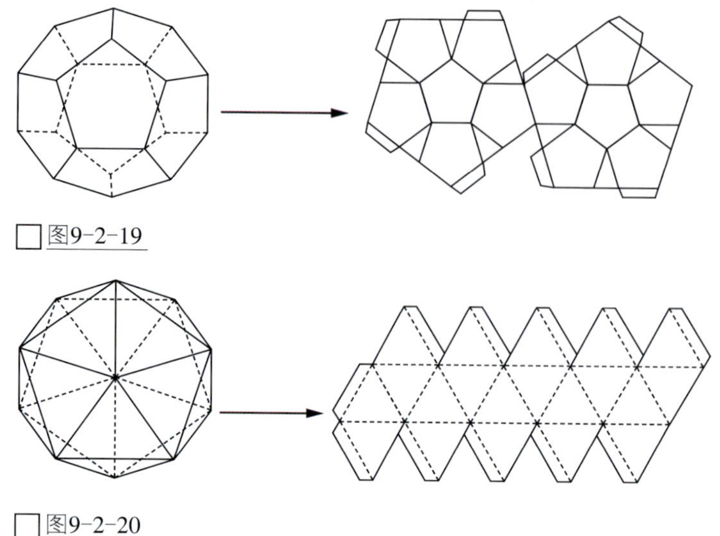

图9-2-19

图9-2-20

十二个，形成棱线三十条，其中折曲线十一条，粘口线十九条，棱线顶点二十个。

5. 正二十面体的造型结构

该多面体（图 9-2-20）的基本形，为正三角形，其球体表面含正三角形平面二十个，棱线三十条，棱角顶点十二个。

多面体的变形设计是由这五个基本体变化而来，它包括顶角的变化、棱线的变化和面的变化。

1）顶角的变化：顶角可以内陷，内陷时折叠的线形可以是直线或曲线，顶角可以切去，形成多个面体。

2）棱线的变化：棱线的变化可以是直线或曲线，也可以进行凸起变化、切折变化。

3）面的变化：每一个面都可用切、折、增形、减形等变化技法，还可以在面上着色或用肌理去装饰。

多面体的变形结构例图，如图 9-2-21 和图 9-2-22 所示。

多面体单体的实例应用，如图 9-2-23 和图 9-2-24 所示。

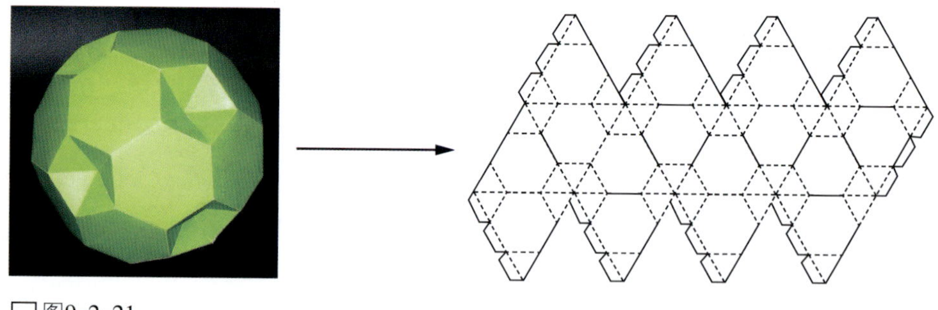

图9-2-21

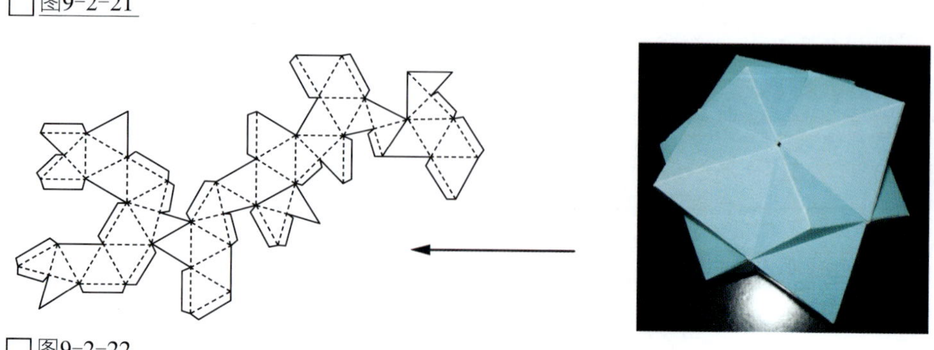

图9-2-22

图9-2-23

图9-2-24

特别提示

面的围合造型可以形成一个内部的空间，根据围合的程度，内部空间的独立程度存在着不同。如果围合的面上开孔或者留有缝隙，甚至是网状的，则这个内部空间和外部空间就是连通的，可以透光、透气，以适合不同的目的。

小结：我们所设计的多面体是由面材构成的基本造型结构，它的造型特征是由等边、等角、正多角形组成的球体。其构成平面的形状大小相同、表面结构无缝隙，棱线与顶角为重点造型且向外凸的多面体。

实践训练18 制作多面体形态的造型构成

训练目的 掌握面形态的造型在设计里是如何应用的。

训练器材 各种现成的材料，选取面的形态。

训练要求 发现不同材料的现成的面，或者把一些材料处理成面的过程中，注意面材的形态本身的变化。

训练步骤 1. 选择材料。

2. 用工具制作已经设计好的图式。

3. 用适合的胶进行粘接。

4. 进行整体修整。

训练任务 多面体单体一件。用色卡纸进行切折构成练习，要求以多面体基本体作为原始体设计。作品成品尺寸直径不得小于20cm。

学生作业选登

训练作业 18-1

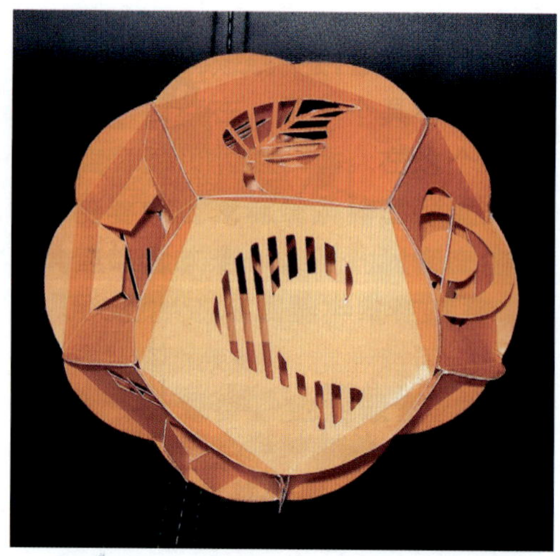
训练作业 18-2

训练作业 18-3

训练作业 18-4

训练作业 18-5

训练作业 18-6

9.2.4 单体集聚

集聚构成是用单体的立体造型，按照作者意念灵活地组织在一起，构成一种带有独立性存在的造型。这种作品具有设计的性质，其造型一般都尽可能求得完整，并可表达某种意图。

单体集聚的方法比较多地利用有规律的几何体集合，多面体是最基本的形体，即正四面体、正六面体、正八面体、正十二面体和正二十面体。这些正多面体中存在着多种基本立体形态的集合，如正三棱柱体、正立方体、四棱椎体、圆柱体、方柱体和球体，在单体的大小、色彩、材质、排列方向、数量上还有着种种设计的方法。

图9-2-25

1. 做好单体集聚构成需要掌握的要点

1）单体的基本造型要精巧、简练、避免出现过多过小的琐碎变化，并且作为立体的单体造型，要有一定的厚度，使其在整体上表现出一定的体量感。

2）注意单体间的连接，处理好单体之间及单体与整体的衔接关系。

3）在整体关系上，要注意形象的完整性，然而，又要有适当的变化，对于形象大小的安排，要有适当的比例，在高低、长短和疏密关系上，要错落穿插，形成第一、第二、第三等秩序。

4）突出表现中心，使作品有主有次、有实有虚，在主要表达的部位上，其形象要完美，富于变化，次要部分又要起到一定的呼应和陪衬作用。

5）要重心稳定，可以排列成对称式、回转式或平衡式等多种造型形式。

集聚形式的具体表现，按其单体造型的不同特点和构成的不同方式，可以有多种造型形式。

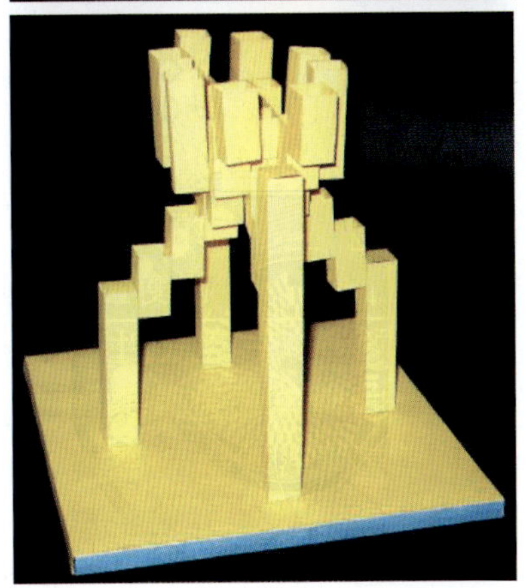

图9-2-26

2. 单体集聚构成形式

1）圆盘式组合（图 9-2-25）：圆盘大小对比的平衡集聚构成、圆盘形回转渐变的重复构成、圆盘形大小穿插的对比构成、圆环形大小渐变的秩序构成、半圆形综合对比构成等。

2）管状集聚组合（图 9-2-26）：管状对称集聚组合、不规则管状集聚组合、管状回转集聚组合、管状平衡对比集聚组合。

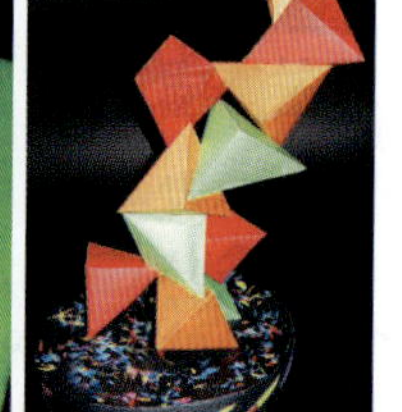

□图9-2-27

3）块状体集聚组合（图 9-2-27）：几何形块状平衡集聚组合、异型块状体的综合集聚构成、几何形块状体的有秩序集聚组合构成。

4）透雕体集聚组合（图 9-2-28）强调通透性。

单体集聚实例应用见图 9-2-29。

□图9-2-28

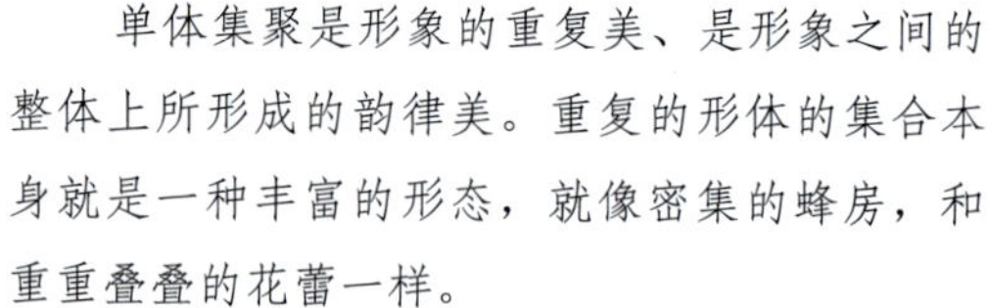

特别提示

单体集聚是形象的重复美、是形象之间的整体上所形成的韵律美。重复的形体的集合本身就是一种丰富的形态，就像密集的蜂房，和重重叠叠的花蕾一样。

小结：通过基本形的集聚构成，组合成的立体造型，这种构成加工，首先要设计好基本形，并使其本身造型优美。通过基本形的重复排列，在整体上达到完整而有变化，使作品形成调和的韵律。

□图9-2-29

实践训练 19　制作单体集聚的构成

训练目的　掌握单体的形态造型在设计里是如何应用的。

训练器材　各种现成的材料、废弃物，利用单体的形态，或者处理成单体的形态。

训练要求　发现不同材料的特点，把一些材料处理成单体的过程中，注意材料的形态本身的变化。

训练步骤　1．选择材料。

2．用工具制作已经设计好的图式。

3．用适合的胶进行粘接。

4．进行整体修整。

训练任务 单体集聚组合构成一件。用色卡纸进行构成练习，要求以多面体基本体作为原始体设计。作品成品尺寸直径不得小于 35cm×45cm。

学生作业选登

训练作业 19-1

训练作业 19-2

训练作业 19-3

训练作业 19-4

学生作业选登

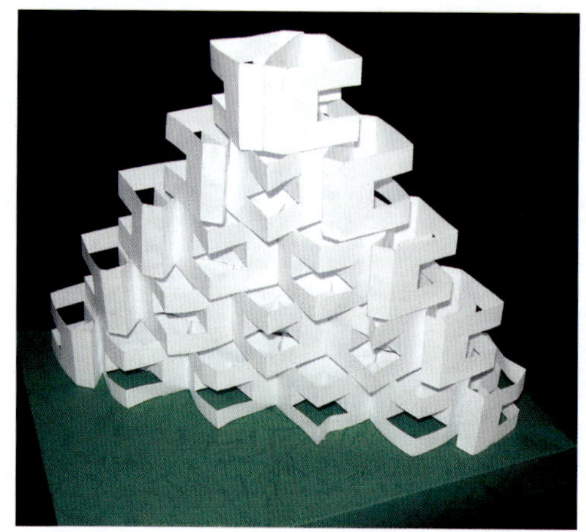
训练作业 19-5

训练作业 19-6

训练作业 19-7

图9-2-30

9.2.5　层面排列

层面排列是用厚纸板或其他面材若干块，按比例有次序地排列组合成一个形态（图 9-2-30）。可以理解为让形体切片后使切片与切片之间保持一定空间距离而排列成一种崭新的形态。

同一立方体也可沿着斜线进行切割。切割的方法有很多种，我们采用斜线切割方法，产生的系列平面是在形状上渐变的系列平面。大小也在渐变，高度保持不变，但是宽度或逐渐增加，或逐渐减小。

沿着长度、宽度或高度切割出的系列平面具有直角边；沿着斜线切割出的系列平面具有斜角边。

（1）层面在方向上的变化方法

以下三种方法可以使平面的方向产生变化：

1）绕着一根垂直轴转动。

2）绕着一根水平方向的轴转动。

3）以平面自身来转动。

（2）层面的位置变化

层面的位置如果不发生方向变化，所有的系列平面将互相平衡，一个接一个地排列起来，平面之间的空隔相同。当平面之间的空隔变窄或变宽，将产生不同的效果。窄的空隔给予形体以较大的坚硬感，而宽的空隔则削弱形体的体积感。

层面的结合是有秩序地排列所构成的立体状态。它的稳定结构是靠面型之间用小块料间隔并黏合或与底平面插接黏合。层面排列的材料一般为各种纸片或透明塑料片等（图9-2-31）。

图9-2-31

层面的排列可以是平行的、错位的、发射的、旋转的、弯折的组合方式。也可依据视觉平衡为出发点，创造出富于动态变化的面的自由构成。

层面实例应用如图9-2-32所示。

图9-2-32

特别提示

层面的排列最简单的方法是沿着长度宽度或高度，把它切成几个平行的薄层，使我们获得多个系列的平面，因而形成一个立体。

小结：层面排列可以先构思整体形态，再确定基本面型的单位及材料的选用。设计时基本面型应简洁、便于制作，组合之后又具有较丰富的变化。

实践训练20　制作层面排列的构成

训练目的　掌握面形态的造型如何在设计中应用。

训练器材　从各种已有的材料、废弃物中选取面的形态，或者处理成面的形态。

训练要求　发现不同材料的现成的面，或者把一些材料处理成面的过程中，注意面的形态本身的变化。

训练步骤　1. 选择材料。

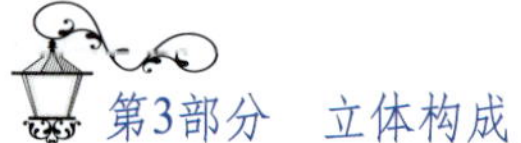

2. 用工具制作已经设计好的图式。
3. 用适合的胶进行粘接。
4. 进行整体修整。

训练任务　层面排列构成一件。选用各种纸张或材料作排列练习。作品的成品底座尺寸不得小于 40cm×30cm。

学生作业选登

训练作业 20-1

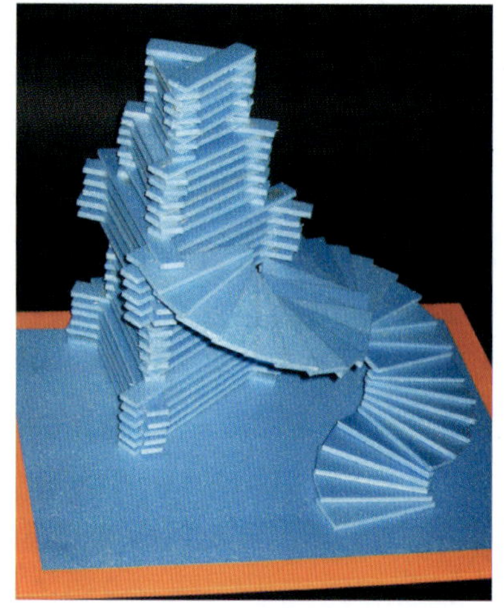
训练作业 20-2

训练作业 20-3

训练作业 20-4

学生作业选登

训练作业 20-5

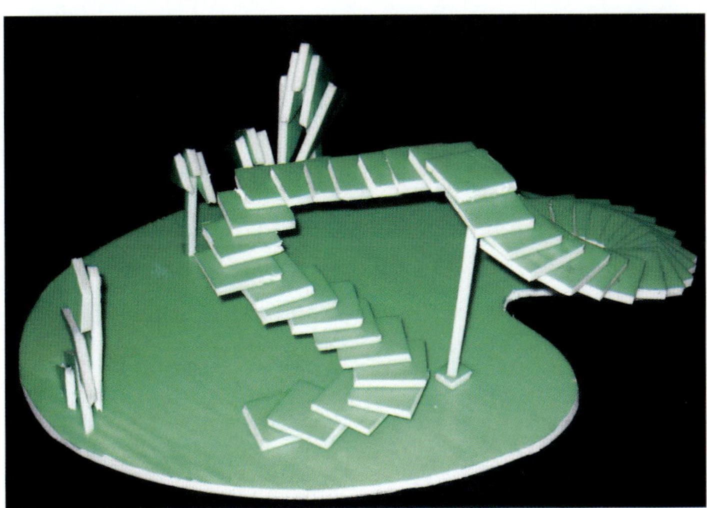

训练作业 20-6

立体构成基础造型块材

单元概述 本单元主要介绍了产体构成基础造型块材。通过对块材形体的设计程序分组分析，了解不同材质的特性和构成手段，可以巧妙地塑造出不同体量感的空间形体和独特的视觉审美效果。

块材，即块型材料，是立体造型最基本的表现形式。它是具有长、宽、厚三度空间的立体量块实体，它能最有效地表现空间立体的造型。块材立体具有连续的表面，可表现出很强的量感。其造型给人以充实感和稳定感。

块材是塑造形体使用较广泛的素材。特别是实际应用的成品，在完成阶段都要用各种材质进行塑造。它不但可表现其造型美，而且，还能充分表达其材质美。

10.1 块材的基本特征

体积组合方式表现为块材构成，由于块材具有明显的空间占有性，在视觉上有着比面材与线材更强烈的表现力，其所特有的连续的面，能提供更多塑造的可能，产生多个视觉上的变化，块材的形态可以是实心的，也可以是空心的，因此其构成方式差异很大。

常用的块材是很丰富的，木块、泥块、石块、石膏块、金属块、泡沫塑料块、合成树脂块等等。有些块状的材料是天然的，稍作加工就可成为合用的构件；有些块材是通过加工的方法才能获得。

以下介绍两种常用的块材。

1. 石膏

石膏（图 10-1-1）是白色粉末状材料。加水搅拌后可凝固成块体。石膏粉有各种型号，有的干燥时间较短，适于制造粉笔等用途。塑造形体可选用艺用石膏粉。石膏的硬度不强，便于加工，用刀具切削、锯拉、砂纸研磨等都可。

□图10-1-1

2. 黏土

黏土（10-1-2）是一种重要的矿物原料。由多种水合硅酸盐和一定量的氧化铝、碱金属氧化物和碱土金属氧化物组成，并含有石英、长石、云母及硫酸盐、硫化物、碳酸盐等杂质。黏土矿物质用水湿润后具有可塑性，在较小压力下可以变形并能长久保持原状。

根据可塑性可将黏土分为软质黏土（强可塑性黏土）、半软质黏土和硬质黏土（弱可塑性黏土），软质黏土多属次生黏土，因其颗粒细、分散度大，故可塑性大；硬质黏土多经古界成岩作用，自由水不易进入而缺少浸散性，可塑性较差。

立体构成的块材应该有所选择，有所加工，使之成为一件具有设计意味的块材。

□图10-1-2

10.2 块型材料空间表现形式

10.2.1 切割法

通过对原型进行分割及分割后的处理，经过分割后再进行组合构成。分割产生的部分称为子形，子形重新组合后形成新形，由于被分割的块体之间具有形的关联性，所以很容易成为构造合理有机统一的作品。

1. 几何式切割

几何式切割的特点主要表现在切割形式上强调数理秩序。其切割方式包括：水平切割、垂直切割、倾斜切割、曲面切割、曲直综合切割、等分切割及等比切割。

2. 自由式切割

自由式切割是完全凭感觉去切割，使原本单调的整块形体发生变化，并产生生命力的一种形式。

10.2.2 积聚法

积聚的实质是量的增加。它主要包括单位形体相同的重复组合和

图10-2-1

图10-2-2

单位形体不同的变化组合。它们都是充分运用一定的均衡与稳定、统一与变化等美学原理去创造具有空间感、质感、量感的造型形态。它包括材料积聚、多面体的积聚、柱体的积聚。

块型材料实例应用见图 10-2-1 和图 10-2-2 所示。

特别提示

块材是塑造形体使用较广泛的素材。特别是实际应用的成品，在完成阶段都要用各种材质进行塑造。它不但可表现其造型美，而且，还能充分表达其材质美。

小结：块材的积聚要注意形体之间的贯穿连接，结构要紧凑、整体而富于变化，组成既有运动的韵味，又有空间变化丰富、协调统一的立体形态。

实践训练 21　制作块材的构成

训练目的　掌握块材形态的造型在设计里是如何应用的。

训练器材　各种现成的材料、废弃物，选取块的形态，或者处理成块的形态。

训练要求　发现不同材料的现成的块，或者把一些材料处理成块的过程中，注意块材的形态本身的变化。

训练步骤　1. 选择材料。

2. 用工具制作已经设计好的图式。
3. 用适合的胶进行粘接。
4. 进行整体修整。

训练任务 块材构成一件。用各种材料进行组合构成。作品成品底座尺寸不得小于50cm×40cm。

学生作业选登

训练作业 21-1

训练作业 21-2

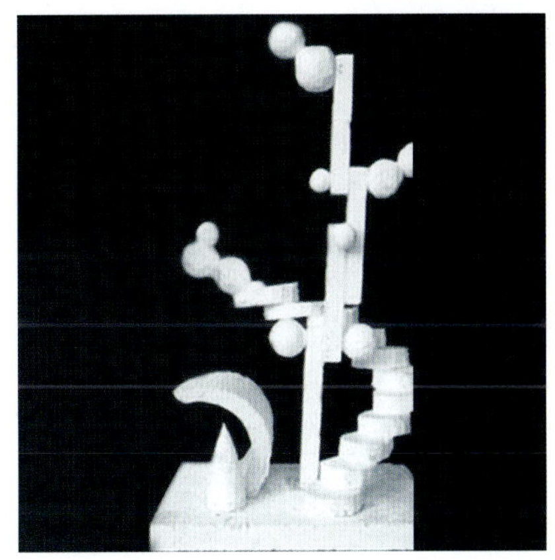
训练作业 21-3

训练作业 21-4

训练作业 21-5

训练作业 21-6

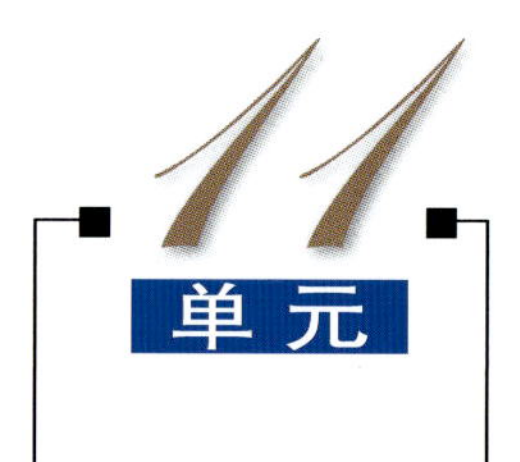

立体构成的艺术设计

单元概述 本单元主要介绍了立体模型的制作流程。通过对立体造型结构与构成的分解与组成剖析，可以利用物质材料的方法与特性，掌握材质肌理与空间关系的视觉表现力，培养一种整体把握的能力，让整体的审美理念贯穿于设计过程始终。

立体构成训练的是立体空间里各种形式的基本元素、组合方法、变化手段，为空间和立体里的设计打基础。

立体构成用模型化的形式，模拟了建筑设计、环境设计、展示设计、产品设计以及服装设计等领域里的立体形式，以及和空间有关的形式。

立体的、空间的形式更有表现力和震撼力，但需要更多的技巧。

11.1 利用点、线、面型材料构建建筑体模型

建筑设计是对空间进行研究和运用的艺术形式，空间问题是建筑设计的本质，在空间的限定、分割、组合的过程中。同时注入文化、环境、技术、材料、功能等因素，从而产生不同的建筑设计风格和设计形式。

在立体构成中，点、线、面依然是最基本的元素，只是与平面中的性质有了很大的不同。平面中的点、线、面只具有位置的意义，虽然这种位置有时能产生视觉中的空间效果，产生厚度和肌理，但这只是视觉化的，不能产生空间上的全方位的视觉变化。所以在立体构成中，点、线、面的造型意义就大大地扩展了。例如，同样大小的点，由于空间的位置不同，就会产生大小、虚实、色彩上的差异；由于观看的视角不同，而产生形态上的变化，位置上的变化，甚至于结构意味上的变化。所以，立体构成中的点、线、面不仅有着视觉上的意义，还存在着结构力学上的意义。一条线在某个角度来看，可能只是一个点；一个点可能既是一个位置，又担负着连接其他材料的作用，也就是说是一个分解力的地方；而对于一根线来说，它的粗细可能与牢固有关，也可能产生形态上的完整、重心的稳定以及构件与构件之间的联系。

11.1.1　模型工具与材料

1. 模型工具

纸质模型常用工具设备分三类。切割工具：裁纸刀、手术刀、剪刀、45度角裁纸刀；粘贴胶有：胶水、胶棒、胶带、双面胶、泡沫胶；量具有：直尺、三角板、丁字尺、圆规等。

木质模型常用工具设备有量具与划线工具。主要量具：钢直尺、钢卷尺、三角尺、万能角尺等。主要划线工具：划线规、工作台、圆规等。

2. 模型材料

（1）纸张

白板纸，模型制作时多用来做骨架、地形、高架桥等等自身程度稳固的物体。

彩色特种纸颜色、纹样多种多样，常用来做墙面、层面、地面和路面。各种颜色都能直接买到。厚度为0.5mm，并且正反面分为光面和毛面，用以表示不同的质感。

KT板、吹塑板、荷兰板，模型制作时多用来做骨架、支撑墙面等等稳固形的物体。

制作卡纸模型的粘贴材料有乳胶、双面胶，工具有裁纸刀、手术刀、钢尺、铅笔、橡皮等。卡纸模型制作方便，无噪声，色彩丰富，重量轻。但受温度和湿度影响较大，保存时间短。

（2）有机玻璃

有机玻璃的品种及规格有很多种，常见有透明、不透明之分。透明的有茶色、淡茶色、白色、淡蓝、淡绿等等；不透明的主要有瓷白色及红、黄、蓝、绿等彩色系列材料。在模型制作时主要用来做室内形态观测模型和功能展示模型代材，但不宜做异形或曲面多的模型。

有机玻璃的厚度是1mm、2mm、3mm、4mm、5mm、8mm几种。最常用的为1～3mm；3～5mm用来做有机玻璃罩。有机玻璃的小型的加工工具有勾刀、铲刀、切圆器、手钳等；有机玻璃加工较其他材料难，但易于粘贴，强度高，做出的模型挺括，保存时间长，为最常用的建筑材料之一。

11.1.2　模型的制作

1. 卡纸模型

骨架材料用厚硬卡纸1.2～1.8mm厚，构架平台用厚卡纸0.5～0.8mm

图11-1-1

厚。做时需扣除玻璃材料和墙面材料的厚度。以幻灯投影机用胶片代替玻璃材料，透明文件夹也可做玻璃材料用。彩色特种纸可做墙面、屋顶。

在用卡纸材料做建筑模型的墙面窗洞时，为保证切口光洁整齐，需经常更换刀片。刻窗洞前刻线需选色较淡的硬铅，刻线要轻，刻好后要擦去铅笔线。

制作步骤如下。

1）用硬卡纸搭出骨架。

2）将玻璃材料用双面胶贴在骨架上，为保证墙面平整，没有窗的地方也要满贴。

3）将刻好窗洞的墙面卡纸用双面胶贴在镜面上。

4）封上屋顶。

5）配上小构件，如雨棚、阳台、走廊及花坛等。

完成的卡纸模型如图 11-1-1 所示。

2. 木材模型（图11-1-2）

图11-1-2

木材模型制作所选材料为天然木材和复合板材、木芯板，胶合板、多层夹板、密度板材等。通常适合用来制作设计方案基本定稿的产品模型。其优点是强度高、不易变形、面饰工艺方便。适宜制作较大型的模型，如图 11-1-2 所示。

空间以及空间的组织结构形式是建筑设计的主要内容。建筑设计是在自然环境的心理空间中，利用建筑材料限定空间。构成一个最小的物理空间。这种物理空间被称为空间原型，并多以几何形体呈现。由某种或几种几何形体之间通过重复并列、叠加、相交、切割、贯穿等方法，相互组织在一起，共同塑造了建筑的形态。

这样，不难看出在建筑设计中，立体构成的原理和法则被广泛的应用。建筑设计的结构形式和立体构成中的形体组合构成是相同的，也就是运用了立体构成中的点、线、面作为建筑的基本词汇。那些立体构成中的组合原理、规律和方法都可以在建筑设计中被运用。

11.2 利用块型材料构建建筑体模型

综合构成，泛指综合运用多种形式、材料、方法、手段的构成类型。它不仅是立体构成的一种复合样式，同时也是创造多种多样的新的空间艺术形式的重要手段。从理论上讲，作为一种典型的空间艺术，结合运用立体构成的点、线、面、块材的造型手段，其生成的新的视觉造型的空间，具有无限的可能性。形式、材料、手段、构成方式任何一个维度的改变，都会产生新的立体造型图式。

在综合立体构成中，应充分利用自然界的天然材料和现代工业文明所产生的碎片，进行合理的加工与组合。新科技、新材料、新的加工成型技术既给材料的选择与组合带来更大的自由度与综合性，也使创作的过程变得更有趣味性、实验性和探索性。

11.2.1 模型材料与工具

1. 苯板

使用苯板（即发泡塑料，也叫泡沫）将设计物体的大体分布和形态表现出来，是十分简洁方便的。苯板规格有1000mm×2000mm，厚度3mm、5mm、8mm、10mm、20mm不等。

当所需规格大于生产规格时（一般指厚度不够），可用乳胶将其粘贴后加工或加工后粘贴。泡沫加工方便，所用到的工具不多，手工钢锯、裁纸刀等。

2. 陶土

作地貌的良好模型材料，可加点乳胶，以防开裂，也可加水粉色，调配所需的色彩效果。环艺模型制作时，可配做微型的雕塑及浮雕效果，干燥后可上色，罩漆，表面可刷一层乳胶，刷胶干后可喷漆，其加工方便，利于成型。

3. 橡皮泥

模型制作中理想的配景材料。

11.2.2 模型的制作

1. 泡沫切块模型

首先，要估算出模型体块的大致尺寸，用单片锯在大张泡沫板上锯出稍大的体块，厚度不够可用乳胶粘贴牢后再进一步加工（图11-2-1）。

泡沫模型制作快，易于修改，拼贴方便，如果制作精良，加上配景，亦可作方案模型展出讨论。泡沫模型尽管颜色单一，但在规划模型中，大片的白色泡沫同样能获得非常适宜的效果。其重量又非常轻，有时为了使表面更加光洁，使用外面包一层卡纸的方法。

2. 石膏切块模型

石膏模型是按一定比例的膏粉与水混合后结成的固体物，其模型的强度取决于制作过程混合时的配水量。膏体凝固的时间、密度、机械强度与水的的比例、搅拌时间、搅拌速度及搅拌均匀度密切相关。水量越少，搅拌速度越慢，搅拌时间越短，水温越高，凝固越快，膏体密度越大，强度越高（不易加工）。反之，凝固时间慢膏体密度小，强度降低（难以做精细）。

图11-2-1

建筑模型是由多个块体粘接拼合而成的，有时某些部位发生断裂或碰损，需要粘合。通常方法是用白乳胶黏结，也可以在白乳胶中适量地掺混石膏粉，提高黏结的牢固度和速度。

3. 其他切块模型

切块模型还可选用很多其他材料，如木块、黏土、卡纸、有机玻璃等，效果如图 11-2-2 所示。木块取材方便，又非常容易加工，制作时选用质软、有细密纹理的木块，可以非常容易地切削成所需的形状。

图11-2-2

用黏土做规划体块要开模制作。由于黏土具有很强的可塑性，主要用来做雕塑模型。

用卡纸做切块模型也是非常快捷的。首先用裁纸刀裁出所需的高度，在转折线上轻划一刀，就可很方便的折成多边形。因其较为柔软，可以弯成任意曲面，且用乳胶粘贴，较为牢固。

建筑物都不是孤立存在的，与周围的环境有着不可分割的联系，并与环境形成一种特定的氛围。例如，商业建筑追求热闹繁华的气氛，而陵园建筑要有庄严肃穆的感觉。当建筑未建成时，模型在表现建筑与环境协调的同时，也必须将这种气氛表现出来。

图11-2-3

环境制作（即配景）包括很多因素，如树木、草地、汽车、路灯、行人、道路及小景等。但每个模型都有尺度问题，因而选用合适的模型元素尺寸是每个模型制作者必须掌握的关键，如图 11-2-3 所示。

模型中制作的树分为抽象形树和具象形树。树的模型有成品的也有自己制作的，其以可用色卡纸卷曲、剪型、梳理而成。

草地的材料有草粉、草地纸、绒布、色纸、锯末屑喷漆等。草粉和草皮纸可以在文具店、模型店买到，色彩任选。草粉用乳胶，草皮用双面胶，施工简单，操作快捷。

汽车的模型在模型上一般只作小汽车（即轿车）。通常直接在玩具店购买，还有一种快捷方式就是用橡皮或石膏切削而成。

路灯适用于较大的模型中，在主干道两边、广场周围根据设计需要选用高架灯或地灯。地灯可用别衬衣用的衬衣珠针，颜色还较丰富。模型人可烘托建筑的繁华气氛，也是建筑的关键参照物。

小景包括很多，如雕塑、假山、栏杆、喷泉、花坛等，其可以用橡皮泥、橡皮、石膏做成形。

特别提示

建筑是以空间单位及其组织结构来构造的系统工程。空间是建筑的本质，是建造活动的出发点与终极点。

小结：立体构成是进行空间立体造型设计的一种基本训练。立体构成在环境设计上，表现在建筑设计（室内、室外）与城市雕塑之中。随着时代的变迁，材料技术在不断的更新，人类的活动方式也在不停的改变，形成了许多不同建筑风格的演化与风格流派。这些建筑形态无一不是表现为某种几何形体和几何体之间的组合关系，也就是运用了立体构成中的点、线、面、体作为建筑的基本词汇。

实践训练 22 制作综合模型的构成

训练目的 掌握点、线、面、体形态的造型在设计里是如何应用的。

训练器材 各种现成的材料、废弃物。

训练要求 发现不同材料的特性，利用这些材料的特点，进行建筑模型的设计。

训练步骤 1．选择材料。

2．用工具制作已经设计好的图式。

3．用适合的胶进行黏结。

4．进行整体修整。

训练任务　建筑模型一件，可单人完成也可以以组完成。用各种材料进行综合构成。作品成品底座尺寸不得小于 500mm×700mm。

学生作业选登

训练作业 22-1

训练作业 22-2

训练作业 22-3

训练作业 22-4

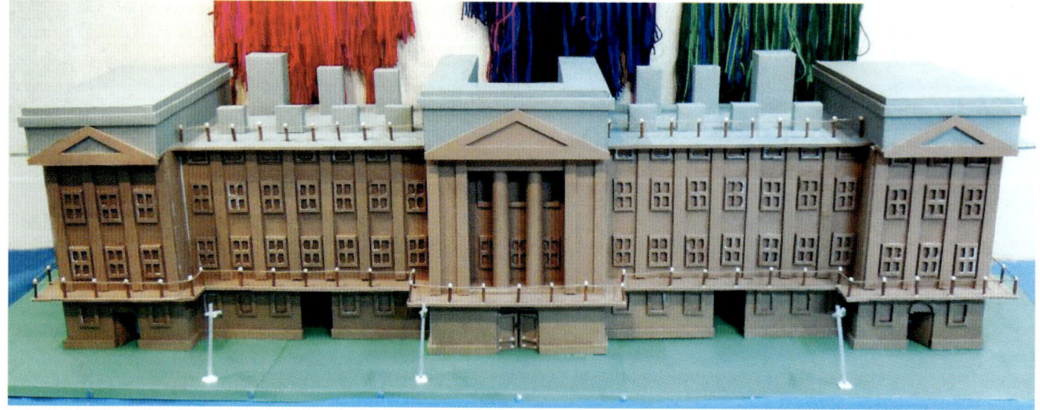

训练作业 22-5

学生作业选登

训练作业 22-6

训练作业 22-7

训练作业 22-8

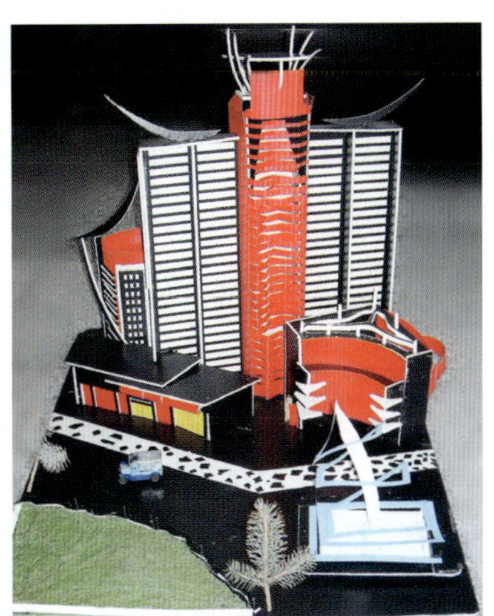
训练作业 22-9

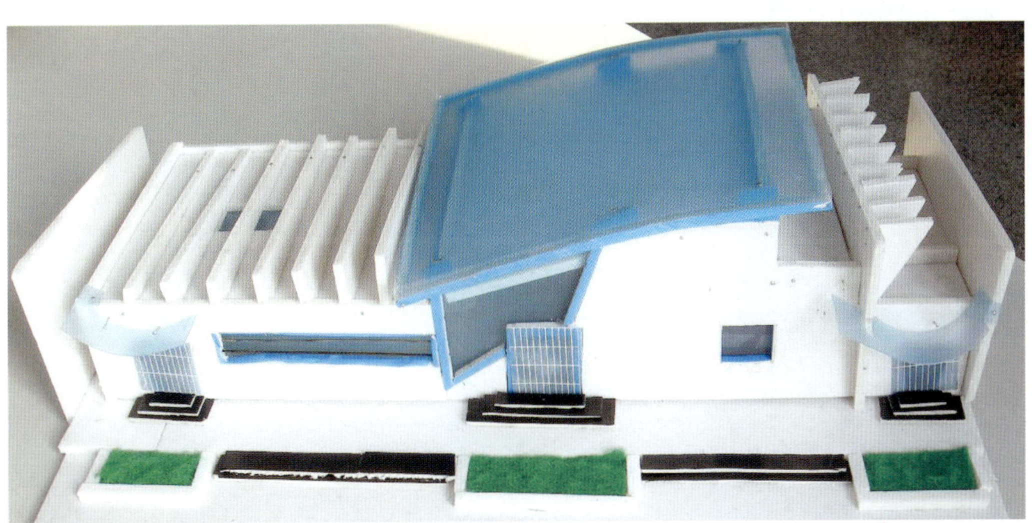
训练作业 22-10

主要参考文献

胡心怡. 2007. 色彩构成 [M]. 上海：上海人民美术出版社 .

黄英杰，周锐，丁玉红 . 2004. 构成艺术 [M]. 上海：同济大学出版社 .

康定斯基 . 1989. 点、线、面——抽象艺术的基础 [M]. 罗世平译 . 上海：上海人民美术出版社 .

倪洋. 2007. 平面构成 [M]. 上海：上海人民美术出版社 .

文卫民，李洁. 2007. 现代平面构成与应用 [M]. 长沙：湖南人民出版社 .

易宇丹，张艺，张笑非. 2010. 立体构成 [M]. 北京：清华大学出版社 .

赵殿泽. 1994. 构成艺术 [M]. 沈阳：辽宁美术出版社 .

赵殿泽. 1994 . 立体构成 [M]. 沈阳：辽宁美术出版社 .

赵国志. 1994 . 色彩构成 [M]. 沈阳：辽宁美术出版社 .

赵平勇. 2006 . 设计色彩学 [M]. 北京：中国传媒大学出版社 .

郑建启. 2001 . 模型制作 [M]. 武汉：武汉理工大学出版社 .